U0216890

绿竹栽培与利用

The Cultivation and Utilization of *Bambusa oldhamii*

朱　勇　编著

厦门大学出版社　国家一级出版社
XIAMEN UNIVERSITY PRESS　全国百佳图书出版单位

图书在版编目(CIP)数据

绿竹栽培与利用/朱勇编著.—厦门:厦门大学出版社,2017.5
ISBN 978-7-5615-6370-0

Ⅰ.①绿…　Ⅱ.①朱…　Ⅲ.①绿竹-栽培技术②绿竹-综合利用
Ⅳ.①S795.5

中国版本图书馆 CIP 数据核字(2016)第 311317 号

出　版　人	蒋东明
责任编辑	李峰伟
美术编辑	李嘉彬
技术编辑	许克华

出版发行	厦门大学出版社
社　　址	厦门市软件园二期望海路 39 号
邮政编码	361008
总 编 办	0592-2182177　0592-2181406(传真)
营销中心	0592-2184458　0592-2181365
网　　址	http://www.xmupress.com
邮　　箱	xmup@xmupress.com
印　　刷	厦门集大印刷厂

开本	880mm×1230mm　1/32
印张	6.5
插页	2
字数	200 千字
版次	2017 年 5 月第 1 版
印次	2017 年 5 月第 1 次印刷
定价	35.00 元

本书如有印装质量问题请直接寄承印厂调换

厦门大学出版社
微信二维码

厦门大学出版社
微博二维码

序

绿竹是优良的丛生竹，其笋品质优良，笋期达3～5个月，发笋时间处在其他食用竹种的产笋淡季，是不可多得的蔬菜之一。绿竹种植还具有较高的生态价值，能在水土保持、环境美化等方面起到很好的作用。

目前，认识绿竹这一优良竹种的人群尚不普遍，产区以外的人们对绿竹笋的食用价值更是知之甚少。同时，绿竹笋在市场开拓、加工利用技术方面较为落后，且人们对绿竹栽培的研究也不够深入。《绿竹栽培与利用》一书从绿竹的形态特征、种类、生长规律、造林、栽培管理、加工利用、病虫防控等方面，对绿竹这一竹种做了十分系统的总结，并配有大量的图片，为绿竹的生产、研究等提供了方便和参考。本书科学性强,所介绍的生产管理技术可操作性好,是一本图文并茂、通俗易懂的竹类科技、生产经营读物,对绿竹的研究和生产具有甚为重要的意义,值得推荐。

2016秋,于杭州

前　言

　　绿竹是优良的笋用丛生竹，目前主要分布于福建、浙江、台湾，其他省份未见较大面积的栽培报道，渝、川、赣近年有引种栽培。绿竹已有很长的栽培历史，有资料可循的逾今至少700年。绿竹笋品质清甜，笋期为5—10月，生长期可达5个月之久，且时间处在毛竹等主要食用竹笋的淡季，是夏季人们的可口蔬菜。绿竹的竹材生物量大，是良好的造纸原料。绿竹还具有重要的生态价值，绿竹种植对固土、绿化等具有重要的意义。

　　近年来，随着人们对绿竹笋食用价值以及绿竹林生态作用的认识增加，绿竹的栽培面积在不断地增大，不过认识绿竹这一优良竹种的人群还是不够普遍，产区以外的人们对绿竹的食用价值更是知之甚少。同时，绿竹笋在市场开拓、加工利用技术方面较为落后，且人们对绿竹栽培的研究也不够深入。

　　为了提高绿竹的栽培管理水平，增进人们对绿竹知识的了解，笔者根据个人的长期研究和多年参与生产工作所获得的成果、经验，并充分参考现有的研究成果，编著此书。

　　本书较全面、系统地介绍了有关绿竹的栽培知识，并配有大量的图片，为绿竹的生产、研究等提供方便和参考。全书共10章，系统地介绍了绿竹的形态特征、种类、生长规律、造林、栽培管理、加工利用、病虫害等。在编写的过程中，笔者力求科学性、可操作性，文句注重通俗易懂。

　　本书在编写过程中得到了陈松河、陈双林、郑蓉、郑宝东、张飞萍的指导，以及福建省尤溪县林业局等部门的支持，在此一并致谢。

　　由于时间和水平限制，书中难免存在错误和不足之处，敬请广大读者批评指正。

编著者

2017年2月

目　录

第1章 概 述

　　绿竹的栽培意义;绿竹的分布与现状;绿竹的研究情况;有关绿竹的术语和定义。

1.1 栽培意义

绿竹亚属(*Bambusa subg. Dendrocalamopsis* L.C. Chia & H.L. Fung)为禾本科,簕[①]竹属(*Bambusa Schreber*)。绿竹亚属中的部分种,如绿竹(马蹄绿,*B. oldhamii*)、吊丝球竹(*B. beecheyana*)、苦绿竹(扁竹,*B. basihirsuta*)等是亚热带优良速生的笋用丛生竹,为我国的重要资源,是南方目前重要的栽培竹种之一。温大辉在1985年的文章中指出,国内外较为优良的笋用竹有31种,其中丛生竹有13种,绿竹为其中之一。古人对绿竹早有记载,如李衎[②]《竹谱详录》[③](图1-1)中载:"绿

图1-1 李衎《竹谱详录》

---

① 簕(音lè)。

② 李衎(音kàn),元朝(1244—1320)。

③《竹谱详录》:描述了我国300余种竹类的形态、品性及画法。

竹丛生,浙东及七闽多有之,极高大,其色深绿,竹不堪用,笋味极甘美。"

绿竹的经济价值很高,产笋期长,年产笋天数120～180 d;产量高,每公顷产笋量可达12～18 t。绿竹笋(图1-2)也叫"马蹄笋",因形状似马蹄而得名。

图1-2　绿竹笋

鲜绿竹笋,笋味鲜美、质地脆嫩、清甜爽口、清凉解暑。绿竹笋还具有降压降脂、增强消化系统功能的作用,是夏、秋季节上好的菜肴。绿竹笋的食用除清炖、清炒、卤制等鲜煮外,还可加工制成笋干、罐头、即食笋丝等产品,这些加工产品丰富了人们的饮食文化。

绿竹生长快,生物量大,其竹材(图1-3)易于离解,其纤维是良好的造纸原料。绿竹材中亦可提取木质素,木质素可较为广泛地应于工业的各类产品中。绿竹材还可作为建筑材料,如脚手架的踏板,亦可加工制成竹串、竹香芯、竹纤维板、竹碎料板、泡花板以及竹编制品、竹工艺品。此外,农民常把绿竹材用作围篱笆、搭架等的材料。

图1-3　竹材

绿竹叶（图1-4）可以入药，民间常用作解暑降温之良药，提取的竹叶黄酮具有保护和调节心脑血管功能、增强免疫功能等功效。其还可以作为风味增强剂、天然抗氧化剂、甜味剂和色素等，因而广泛应用于饮料行业中。绿竹叶也可作为生产食用菌竹

图1-4 竹叶

荪的原料。此外，于竹秆上刮取的竹茹可作解热药用。

种植绿竹不仅具有良好的经济效益，而且具有极好的生态效益。绿竹是涵养水源、保持水土、美化环境的良好树种。它喜温好湿，适种范围广，在河滩沙洲、江河溪畔、丘陵山地、田边地块、园边路旁、房前屋后这些不易于被农业或其他行业所利用的地方，绿竹都能很好地生长。这些地方种植绿竹可谓是经济效益与环境效益双丰收——既可以充分利用土地，又能围堤固坡，防止水土流失，收集淤泥，增厚土层，还可绿化、美化环境。

绿竹的根系能够有效地护岸固堤（图1-5），保持水土（图1-6）。在绿竹产区的江河溪畔、园边路旁大多种植有绿竹，其他树种或因生长条件不适合，或因生长慢，或因经济效益差等，而不被人们所选用。散生竹则因在江河溪畔不适应，在园边路旁又影响园内作物或路人行走，所以也较少选用。而作为丛生竹的绿竹，克服了以上诸缺点，故而深受人们的喜爱。

绿竹耐涝、耐瘠、喜

图1-5 护坡作用

图 1-6　固堤效果

图 1-7　河岸种植 1

图 1-8　河岸种植 2

湿的特点，使其特别适宜在江河的沙洲、河畔种植（图1-7和图1-8）。这些地多沙、多水，时常被洪水浸没，绿竹却能很好生长。在绿竹产区里，绿竹几乎随处可见，其作用和意义由此可见一斑。

绿竹种植还能改良土壤，在沙洲种植绿竹，还可以起到收集淤泥的作用（图1-9）。据在福建省尤溪县的观察，种植绿竹的沙洲、岸堤，每年沉积淤泥的厚度达7～15 cm。曾观察到一次洪水过后，沉积的淤泥厚度达30 cm的记录。几年后，种植绿竹的地方，淤泥厚度显著增加，土壤得到明显改善。

绿竹的树姿具有丰富的中国传统文化内涵。在中国传统文化中，梅兰竹菊松是五君子，绿竹作为竹类之一，不仅具有竹类共同的文化特征，而且具有浓郁、婀娜等美学特点，因此绿竹是良好的绿化树种之一。

图1-9 沙洲种植

总之,绿竹种植好处多。发展绿竹不仅可以增加农民的经济收入,而且在改善生态环境方面更有其重要的意义。

1.2 分布与现状

我国是世界上竹类资源最为丰富、栽培历史最为悠久的国家,是世界竹子的分布中心。作为优良笋用竹种的绿竹,在我国南方的亚热带、热带地区,尤其是中亚热带和南亚热带地区,有着广泛的分布和栽植,并且有着悠久的栽培历史和良好的栽培习惯。

绿竹属在气候带上的自然分布区主要为中亚热带南部、南亚热带的北部和中部。绿竹的天然分布主要在南方热带、亚热带丛生竹林区及华南丛生竹林亚区。从目前的种植情况看,绿竹主要分布在福建、浙江、台湾,广西、云南、广东、海南也有分布,江西、重庆、四川等省(市)的部分县市亦有引种(表1-1)。

福建省主要分布在福建中部的尤溪县,北部南平市的延平区,东部的福安市、古田县，南部的漳浦县等。浙江省主要分布在南部的苍南、平阳一带。

表1-1   绿竹资源主要分布地

省（市）	县（市）	乡（镇）及村
福建	尤溪县	梅仙镇：经通村、梅营村等。城关镇：水东村等。西城镇：音头村、团结村等。西滨镇：拥口村、过溪村。坂面乡：坂面村等
福建	福安市	城阳镇：占洋村等。溪柄镇：黄澜村、白沙村等
福建	古田县	黄田镇：双坑村、上溪村等
福建	漳浦县	南浦乡：后坑村等
福建	南平市	大横镇：葫芦丘村等。樟湖镇：樟湖村等
浙江	平阳县	水亭乡：前爿村等。麻步镇：沿口村等。水头镇：南湖村、增光井村等
浙江	瑞安市	鹿木乡：呙底村等
浙江	苍南县	桥墩镇：凤岭村等。赤溪镇：北呙内村
台湾	嘉义县	不详
台湾	台南县	新化镇等
广西	东兴市	东兴镇等
江西	宜春市	近年引种
重庆	綦江区等	近年引种

绿竹属的垂直分布范围较小，一般在海拔50～500 m，大部分则分布在海拔300 m以下（图1-10），但也有绿竹属的部分种类特殊，如扁竹（*B. basihirsuta*）分布于福建省尤溪县海拔800 m左右的某一自然村内，其生物量较大，生长状态较好，仅约5年发生一次梢部冻害。

绿竹在沿海地区种植具有较大的可行性和推广价值（图1-11和图1-12），如福建省福安市的赛岐镇、溪柄镇就是重要的绿竹产地之一，在那里有大量生长茂盛的绿竹，是当地的产业之一。赛岐镇、溪柄镇距离大海约20 km，每日的海水涨潮都影响两镇的河流，沿河的绿竹林内有大量的螃蟹生存。苍南县的赤溪镇有多处绿竹生长在距离海水仅几十米、高度差仅几米的海岸边，可见绿竹具有一定的耐盐、抗风性能。

图 1-10　山地种植

20世纪80年代以后，政府部门曾经多次号召福建省中部、东部、北部的部分县市，大力发展绿竹，但发展成效比较有限。例如，福建省的南平地区，1985—1990年期间，在政府部门的动员号召下，各县大力发展绿竹，虽成绩有限，但也为绿竹的北移做了大量的尝试，取得不少宝贵的经验。

图 1-11　海岸种植 1

绿竹笋的品质优良，但或许是地方农业习惯的原因，栽培扩散的速度十分有限。以主产区之一的福建省尤溪县为例，有记录的绿竹栽培史已有500年，但位于其周边的大田县、德化县、永泰县、闽清县绿竹发展却一直很有限。或

图 1-12　海岸种植 2

许是地方饮食习惯的原因，绿竹笋的市场拓展也十分有限，仅局限在传统的一些市场范围之内。受市场的局限，产品销量不大，也就影响了产地栽培的积极性。总之，目前绿竹栽培面积的扩大较为缓慢。

1.3 研究情况

绿竹虽然是中亚热带、南亚热带地区的优良笋用竹种，但长期以来，可能是由于分布的区域性，人们对绿竹的研究较少，与毛竹相比可谓相去甚远。关于绿竹的研究，在很多竹类文章及其他农林文献中，有部分段落论及有关绿竹的栽培，绿竹资源的利用以及绿竹品种分类、分布等情况。笔者对1989—2006年18年的绿竹文献进行统计，文献计量共193篇。绿竹文献的分布时间上总体呈逐年上升趋势，其中2003—2005年3年占总数的43.5%，1997—2006年10年占总数的86.0%。绿竹文献排名前3位的作者人数有211人，但73.5%以上的作者仅参加过一次绿竹的主要研究。对2007—2015年9年的绿竹文献进行统计，文献计量共128篇。1989—2015年总文献321篇，其中博士学位论文2篇，硕士学位论文22篇。根据文献内容可将绿竹研究分成栽培、加工利用、遗传育种、有害生物防控等8类。归纳表明，在栽培、育苗方面研究较深入，其他方面尚待加强。

1.3.1 绿竹的栽培研究

在各类绿竹研究文献中，绿竹栽培的研究文献最多，共101篇，其中1篇博士学位论文，6篇硕士学位论文。在绿竹栽培的文献中，又以总结栽培技术的文献占主要数量，栽培技术文献多以生产经验为主，或对施肥、留竹技术等进行总结，部分开展施肥的种类、时间、施肥量的比较研究。

自20世纪80年代以来，大量的绿竹上山栽培，于是人们对山地绿竹的施肥和竹林结构也进行了研究。在控制出笋方面，人们开展了覆盖、扒晒、踏笋等技术的研究。90年代后，人们对绿竹的丰产机理和沿海沙地绿竹的栽培研究较多。

1.3.2　绿竹的加工利用研究

绿竹笋产在夏季，保鲜一直是产区大规模发展绿竹的突出瓶颈。绿竹笋保鲜技术的有限性影响着绿竹的流通，并由此直接影响到绿竹的生产。目前已经开展的化学保鲜研究有魔芋多糖、壳聚糖、竹叶汁、亚硫酸钠等保鲜剂的保鲜效果，物理方法有气调（低温）、聚乙烯薄膜包装、微波处理等保鲜效果。4篇硕士学位论文对绿竹笋的保鲜和加工做了研究，还有2篇硕士学位论文对绿竹材的加工做了研究。在笋的加工方面，开展了笋干制作工艺、软包装加工、热处理加工的研究，以及超高压处理、真空冷冻干燥和热处理等对绿竹笋品质的影响研究；一个专利是一种绿竹酒的制备方法；对竹材的加工利用的研究是竹材的制浆工艺。

1.3.3　绿竹的遗传育种研究

有39篇文献研究绿竹的育苗，其中博士学位论文1篇，硕士学位论文6篇。2006年前研究用绿竹的主枝、副主枝的扦插育苗占高比重，2006年后分子生物学（基因）技术的研究占高比重。未见研究用种子育苗，研究种子育苗可能对培育新品种有所帮助。此外，还开展了组培育苗研究、杂交研究、地理种源和农家品种研究。绿竹北移存在的主要问题是抗寒。在扩大绿竹种植区域方面，据笔者了解，各地实际做得比文献研究得多，笔者认为应配合生产加强这方面的理论研究和总结工作。

1.3.4　生理学生物学特性研究

有20篇文献，研究内容大致集中在3个方面，一是对绿竹的生物量和生物量变化规律的研究；二是营养元素的含量特征的研究；三是以光合作用为主题，开展生理生化方面的研究。在生产中，绿竹受冻、开花较为普遍，有关在开花机理方面的研究显得不够深入，也未见在抗寒性方面的绿竹生理生化变化的研究。显然，加强绿竹冻害的研究对扩大这一优良竹种的种植区域和防止、减轻个别年份冻害的发生具有较大的意义。笔者认为加强绿竹的抗寒、抗旱、开花方面的生理学研究对绿竹生产有更贴近的指导意义。

1.3.5　绿竹的有害生物防控研究

目前研究绿竹有害生物及其防控的文献有16篇,以研究绿竹链蚧为主。在近年的各地生产实践中,绿竹的叶珍斑病、竹笋象、竹螟发生较普遍,应加强研究。

1.3.6　绿竹的生态及其利用研究

1篇硕士学位论文研究绿竹在沿海沙地的抗旱、抗盐问题,2篇文献开展了绿竹作为防火林带的研究,3篇文献对绿竹的固土护岸效益进行研究。在绿竹产区,人们已普遍利用绿竹固土护岸、美化环境,如房前边坡的弃土固定,堤坝的保护等。笔者认为更多地开展绿竹的固土护岸、固沙防风等良好特性的研究具有较为现实的意义。如果绿竹林能作为林地的防火林带,则对林业会有较大的意义,因为不仅起着防火作用,而且对林缘地的利用亦有较大的意义。

1.3.7　绿竹产业发展问题研究

探讨绿竹产业发展问题的文献较多,这些文献总结当地的绿竹发展现状和存在的主要问题,并指出产业发展的对策。

总之,长期以来,人们对绿竹进行了大量研究,但在贴近生产应用方面还很不够,在绿竹笋的加工利用及笋的保鲜,绿竹材的物理性质与加工利用等方面,有待于进一步研究、解决。

1.4 术语和定义

1.4.1 竹蔸

单个植株或多个植株的整个地下部分称为竹蔸。

对一株绿竹来说,其地下部分(含根系)称为竹蔸;对一丛绿竹来说,其整个地下部分(含根系)称为竹蔸。

1.4.2 秆基

秆基指竹秆入土生根部分。

绿竹秆基是由数节至十数节组成,节间短缩而粗大,上着生大型芽。秆基为秆的基部,是秆的地下部分,秆基一般不包括根系、秆柄。

1.4.3 秆柄(笋柄)

秆柄指竹秆的最下部分。

秆柄与母竹的秆基相连,细小,短缩,不生根。当笋尚未成长为竹秆时,这部分称为笋柄。

1.4.4 绿竹笋

绿竹笋指绿竹竹秆在土壤中的幼体,由秆基两侧芽发育而成,分笋柄、笋基和笋体。

1.4.5 笋芽(笋目)

笋芽着生于秆基部位,可萌发为竹笋的芽,或称笋目。

笋芽互生排列在秆基两侧,从基部自下而上,第一个笋芽(笋目)称头芽(头目),第二个笋芽称二芽(二目),以此类推,最上一个称尾芽(尾目)。不能发育的笋芽称虚芽或虚目。

1.4.6 笋　基

笋基指采收后或失去笋尖后,遗留在土壤内的部分笋体。

1.4.7 笋　头

笋头指采收后的绿竹笋,因维管束成熟、组织老化而难以食用的一部分笋体。

1.4.8 笋　衣

笋衣指笋箨[①]的幼嫩部分。

笋衣大多位于笋尖,位于笋尖的笋箨其基部未完全发育而显脆薄、幼嫩。

1.4.9 二水笋

二水笋指早期采收竹笋后的笋兜上当年再次萌发出的竹笋。

1.4.10 培　土

培土指垫高土层,即用外围的土壤堆积竹丛,以保证提高的秆基及其根系有足够的土壤空间。培土通常在春季晒头之后,结合施春肥进行。

1.4.11 晒头（晒目）

晒头指清明节前,将秆基周围的土壤扒开,即将竹丛内的土壤挖离,使之秆基上的笋芽、根系暴露在空气中,以期提早长笋、提高产量。"晒头"亦叫"晒目""扒头""扒头晒目"。

1.4.12 穴　施

穴施是一种施肥方法,指在绿竹根系的生长范围内,挖取15 cm以上深度的坑穴,施入肥料并覆土。

---

① 箨（音tuò）。

1.4.13 丛

在生理上具有相互联系的植株,其群体称为丛。

1.4.14 立竹数

一丛所拥有的绿竹植株数量叫丛立竹数。

1.4.15 丛密度

丛密度指单位面积的土地内所拥有的绿竹丛数量。

绿竹为丛生竹,每丛为一个相对独立的单元;丛密度是反映绿竹林林分状况的指标之一,在生产实践中具有较大的指导意义。

1.4.16 株密度

株密度指单位面积的土地内所拥有的绿竹单株数量。

绿竹林虽然以丛为单元,但单株数量是绿竹生长空间的主要决定因素,因此株密度是反映绿竹林林状况的指标之一。

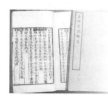

参考文献

[1]洪有为.沿海沙地5竹种生态系统特性与抗性研究[D].福州:福建农林大学,2005.

[2]李衎著,吴庆峰,张金霞整理.竹谱详录[M].济南:山东画报出版社,2006.

[3]温大辉.国内外笋用竹种简介[J].浙江林业科技,1985(03):13-16.

[4]吴家森,林峰,林世通.绿竹研究进展[J].江苏林业科技,2003,30(03):39-41.

[5]郑蓉,方伟,郑维鹏,等.绿竹研究[J].竹子研究汇刊,2007,26(01):20-26.

[6]朱勇.中国绿竹文献研究(Ⅰ)[J].世界竹藤通讯,2008,6(04):32-34.

[7]朱勇.中国绿竹文献研究(Ⅱ)[J].世界竹藤通讯,2008,6(01):28-30.

[8]朱勇.竹林与其他林分在鸟类活动空间中的地位比较研究[Z].福建省竹业协会年会,2002.

第2章 绿竹形态结构

导读　　绿竹地下部分形态结构、名称；绿竹地上部分形态结构、名称；绿竹花器的形态结构。

绿竹的形态结构分为地上和地下两部分，地下部分的整体称为竹蔸（图2-1和图2-2）。

图2-1　竹蔸1

图2-2　竹蔸2

在秆基上的芽生长为成竹的过程中，其初始状态称为笋，即笋为竹秆的幼体。笋继续生长到高生长停止，并完成抽枝展叶的过程称为成竹生长。笋又可分成笋柄、笋基、笋体、箨。笋、幼秆外的壳称为箨。

绿竹各器官的生理生化作用与其他丛生竹基本相同。绿竹的地下部分起着吸收和贮存水分、养分以及个体繁殖、固定的作用（图2-3），地上部分的秆是生长发育的主体，主要起着支撑和输导的作用；

叶是同化作用、异化作用和水分蒸腾作用的主要器官。

图 2-3 地下结构

绿竹的地下部分与地上部分是完整的相辅相成的统一体,地上部分生长代谢的强弱,直接影响着地下部分的繁殖、更新能力;而地下部分的吸收、繁殖、更新能力,又直接影响到地上部分的盛衰。

2.1 地下部分

绿竹的地下茎为合轴丛生型,其地下部分由秆柄、秆基、秆基上的芽(笋目)及根组成(图2-4和图2-5)。

图 2-4 绿竹笋地下部分

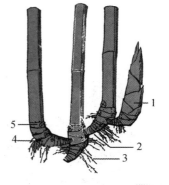

图 2-5 绿竹地下结构示意
1—笋;2—秆柄;3—根;4—秆基;5—芽

2.1.1 秆 柄

秆柄是竹秆的最下部分,与母竹的秆基相连。秆柄的外面,多缩存着硬脆的箨,呈鳞片状。绿竹秆柄由8～18个短缩的节组成,木质化程度高,不生根,不发笋,长7 ～ 14 cm,俗称"螺丝钉"(图2-6和图2-7)。

图 2-6　秆柄1　　　　　　　　　　图 2-7　秆柄2

　　秆柄是绿竹个体与个体之间,即一株竹与另一株竹之间相互联系的唯一连接点,起着不同个体之间,包括竹与竹、笋与竹之间的营养运输的通道作用和协调作用。

2.1.2　秆　基

　　秆的基部是绿竹生根、发笋的部位,其节间短缩而粗大,一般由6 ～ 10个节组成,每节长1.0 ～ 1.5 cm,节倾斜,节间两侧不等长(图2-8和图2-9)。

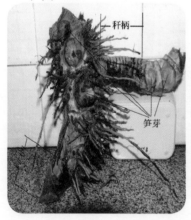

图 2-9　秆基2
1——一水笋;2——二水笋;3——三水笋

图 2-8　秆基1

2.1.3　笋　芽

秆基两侧（沿枝条方向）互生着两列大型芽，称为笋芽，笋芽也叫笋目（图2-10）。笋芽（笋目）初始阶段如眼睛状，因此又叫芽眼等。绿竹秆基每节着生一芽，芽外包裹着鳞片（图2-11和图2-12）。笋由笋芽萌发生长而成。不同秆基上的芽数量不一，通常为4～10个，大多数为6～7个。

图 2-10　笋芽

图 2-11　笋芽结构 1

图 2-12　笋芽结构 2

秆基最基部的一对笋目称头芽（头目），向上依次称二芽（二目）、三芽（三目）……顶端一对称尾芽（尾目）。基部1～3对的笋芽统称基部芽，基部芽易发育成笋（图2-13）；基部芽以上的笋芽统称顶芽，顶芽较不易发育成笋；已经不能发育的笋芽，称虚芽（虚目）。[①]

图 2-13　笋

---

① 笋芽的部分内容另见4.2.1。

2.1.4 根

秆基各节密集着生许多根，每节根的数量从十余条到百余条不等，根上长有根毛，但根不着土壤时不长根毛（图2-14和图2-15）。

图 2-14　地表的根系　　　　图 2-15　土壤内的根系

绿竹的根系起着吸收水分及矿物质离子的作用，并合成部分有机物，同时贮存地上部分的同化产物。根系还担负着地上部分庞大树冠的支持、固定作用。

2.2　地上部分

绿竹的地上部分由秆（秆茎）、枝、叶以及秆枝上的芽（隐芽）、箨（鞘）、花、果组成（图2-16）。

2.1.1　秆

秆茎是竹秆的地上部分，"秆茎"通常简称为"秆"。

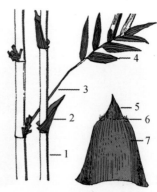

图 2-16　地上部分

1—秆；2—箨；3—枝；4—叶；5—箨叶；

6—箨耳；7—箨鞘

　　绿竹的秆茎(秆)由数节组成,每节有2环,下环称箨环(箨节),是竹箨脱落后留下的环痕;上环为秆环(秆节),是居间分生组织停止生长后留下的环痕(图2-17)。两环之间称为节内,两节之间称为节间。节内有一个饱满的芽,成竹的枝条是由此芽抽生而成的(图2-18)。每个节上的饱满芽是由多个芽组成的,因有的芽很小,而且是由同一个鳞片包裹的,所以看起来像只有一个芽。

　图 2-17　秆、芽、秆环及箨环

　图 2-18　秆芽抽枝

　　绿竹的秆形圆而中空,于地上部10节左右开始出现分枝。秆茎高6～10 m,直径大小一般为4～6 cm,大的有9 cm。新种下的母竹长出的新竹,秆径较小,仅1～3 cm 。绿竹秆茎的节数为35～45节,每节长30～50 cm,秆重7～10 kg。

　　绿竹的秆茎可根据其年龄,分为一年生、二年生、三年生……从笋芽生长发育、成竹到次年自身基部的笋芽发笋结束(即第一次发笋期结束),期间的竹秆为一年生竹秆。具有一年生竹秆的母竹称一年生母竹或当年生母竹。依此类推,在第一个笋期结束至第二个笋期结束之间的母竹称二年生母竹,以后称三年生、四年生……(注:不包括二水笋笋期)。

　　秆茎的色泽随着年龄的增长而由绿色变黄绿色,一年生(当年)的秆色为青绿色,二年生的秆色为深绿色,三年生的秆色为黄绿色。

2.2.2　枝

　　绿竹秆的分枝较低,从中下部就开始着生枝叶,每节多枝丛生。枝数多为10～13枝,其中有3个粗长的枝条,最粗长的为主枝,较粗长的为副主枝,副主枝位于主枝的两侧，其他的枝条短小、纤细,为侧枝(图2-19)。绿竹扦插繁殖育苗时多用主枝、副主枝。枝上每节有一个芽,为隐芽,枝上的芽可以抽生成二级枝,其形态结构、特性与秆上芽相同。[①]

图2-19　枝

2.2.3　叶

绿竹的枝条分枝较短,每分枝着生一组叶片，每组有5～9枚叶片,多的有15枚,交错排列成两行,顶端一叶常卷为针状,俗称"绿竹心",可入药(图2-20)。叶分为叶片、叶鞘。叶鞘分为叶舌、叶耳、叶柄等部分。绿竹的叶片呈长圆状披针形, 长17～30 cm,

图2-20　叶

宽2.5～6.2 cm；每片叶面积为15～40 cm²,多为30～33 cm²；每株绿竹的枝叶重通常为5～8 kg。

2.2.4　箨

绿竹箨在笋期称笋箨,在幼竹期称竹箨(图2-21)。

竹箨由箨鞘、箨耳、箨舌、箨叶、繸毛等组成。绿竹箨的箨耳小,边缘有弯曲繸毛；箨舌高1～6 mm；箨叶三角形或卵状披针形(图2-22)。绿竹属的箨宽大,脆硬,为黄色或绿黄色,有的幼时背部生淡棕色或黑色的稀疏短毛。

---

① 枝的部分内容另见4.3.3。

图 2-21 箨

图 2-22 箨叶、箨耳等

箨是竹秆的变态叶,对笋、幼竹起保护作用。绿竹属中的不同种类其箨的形态也不同,主要表现在箨的背部及腹部毛的分布、颜色、疏密、脱落性,箨肩高低,箨顶部宽度与箨叶基部宽度的比例,箨叶的形状,箨耳的繸毛长短等。由于竹子的开花现象难以遇见,因此目前主要根据箨的形态来区分竹种,即箨的形态是竹子分类的重要依据之一。

2.3 花器

绿竹在一定条件下（如较为恶劣的环境）,便由营养生长转为生殖生长,即开花,其花为穗状花序。民间所说的"生竹米",指的就是竹子开花现象。绿竹开花后就逐渐干枯死亡。

2.3.1 花序的形态结构

绿竹花序为假花序,花枝无叶（图2-23）,花序由着生于枝条（花枝）各节的小穗组成,各节上的小穗呈簇生或单生状（图2-24）。小穗由枝条上的腋芽分化而成,每节小穗3至多个,发育较好的小穗多为3个,其他多发育不良

图 2-23 花枝

或未能进一步发育成型(成熟)。

2.3.2　小穗的形态结构

小穗体显橄榄形,两侧略扁或圆,先端尖锐,长15～28 mm,直径5～10 mm,下部绿色,上部紫色;小穗柄短缩,1～3 mm。每一小穗基部着生苞片(颖片)3～5片,苞片完全革质化或近完全革质化(图2-25);小穗由6～10朵小花组成,互生于花轴(小穗轴)上,排列紧密,小穗顶端2～4朵小花通常不孕。

图2-24　簇生的小穗(花序)

图2-25　苞片

2.3.3　小花的形态结构

小花由外稃、内稃、鳞被(浆片)、雄蕊、雌蕊组成。雌雄蕊前期包在内稃与外稃中,后期见雄蕊的花药伸出(图2-26)。

1.外　稃

绿竹外稃(图2-27)卵形,长5～20 mm,宽10～15 mm,下部淡绿色,顶部紫色,先端尖,无毛或被微毛,具清晰可见的多脉,有稀疏横脉,横脉多斜向分布,边缘无或微毛。

图2-26　小花

1—雄蕊；2—雌蕊；3—内稃

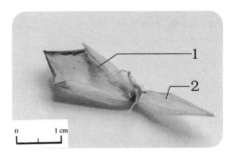

图2-27　外稃、内稃

1—外稃；2—内稃

2. 内　稃

绿竹内稃（图2-27和图2-28）淡绿色，长3～15 mm，宽2～6 mm，披肩型，正反两面全部着生微毛，边缘和脊上密布显著的纤毛。其一般有9条纵脉，以第3,7条叶脉为轴，向内折叠成半包围状（箕状），第3,7条叶脉较其他叶脉粗，为半木质，形成两脊。内稃在20倍显微镜下无可见横脉。

3. 鳞　被

图2-28　内稃

鳞被（浆片），3片，位于内稃内环，均匀3等分地合围于雄雌蕊外，其中一片与内稃相叠。鳞被为卵状披针形，与内稃相叠一片较小，长3 mm，另两片等长5 mm。鳞被极其薄软，脉纹不明显，不易采集。鳞被顶端着生显著的纤毛。

4. 雄　蕊

绿竹雄蕊（图2-26和图2-29）6枚，花药长10～16 mm，显著长于花丝，花丝长6～8 mm，各花丝分离，花药顶端有小尖头，尖头上着生小刺毛。雄蕊未伸出外稃前,花药与花丝成直线,并与雌蕊紧挨成束状,雄蕊外露后显褐色。

5. 雌　蕊

雌蕊1枚,棒槌状,长10～13 mm,子房上位,花柱显著,顶部分支成3条纤细的羽毛状柱头(图2-26和图2-29)。

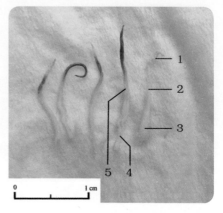

图2-29　柱头、子房等
1—柱头;2—花柱;3—子房;4—花丝;
5—花药

参考文献

[1]孙立方,郭起荣,王青,等.毛竹花器官的形态与结构[J].林业科学,2012,148(11):124-129.

[2]薛联凤.竹材细胞壁构造的形态分析[D].南京:南京林业大学,2005.

[3]张卓文,胡超宗,金爱武.雷竹鞭侧芽发育为笋的形态结构观察[J].竹子研究汇刊,1996,15(02):60-66.

[4]朱勇.绿竹[M].北京:中国林业出版社,1997.

[5]朱勇.绿竹花器的结构与形态研究[J].竹子研究汇刊,2013,32(04):19-22.

第3章 绿竹种类

绿竹亚属(*Bambusa* subg. *Dendrocalamopsis*) 10个种及1个变种；中国9个种及1个变种。

3.1 概 述

从21世纪三四十年代至今，绿竹的分类及其地位随着研究的不断深入发生了多次变化。最初绿竹被归于慈竹属(*Sinocalamus* McClure)(慈竹属现在的学名为*Neosinocalamus* Keng f.)；后来又作为绿竹亚属而归于簕竹属（*Bambusa. Schreber*）；20世纪90年代独立作为绿竹属（*Dendrocalamopsis*）；21世纪初，绿竹在*Flora of China*中被划为簕竹属（*Bambusa Schreber*）绿竹亚属（*Bambusa subg. Dendrocalamopsis* L.C. Chia & H.L. Fung）。

慈竹属是McClure于1940年建立的新属。当时慈竹属只包括麻竹、吊丝球、绿竹和慈竹4个种，而指定麻竹为该属的模式种。后来，许多学者研究认为旧的慈竹属是由许多隶属于不同属的一些种混杂而成，应重新整理。例如，有的学者认为麻竹应隶属于牡竹属，而绿竹、吊丝球竹、大头典竹这一类竹种则应作为一个绿竹亚属并入簕竹属；有的学者则认为应成立绿竹属，既主张将绿竹作为独立的一属，如在1994年朱石麟等主编的《中国竹类植物图志》（图3-1）和2008年易同培等编著的《中国竹类图志》（图3-2）中便把绿竹划为独立的一属，在《中国植物志》（1996）（图3-3）中为绿竹属（*Dendrocalamopsis oldhami*）。目前将原来的绿竹属降为绿竹亚属，归至箣竹属。

图 3-1　《中国竹类植物图志》

图 3-2　《中国竹类图志》

图 3-3　《中国植物志》

　　在通常的语言表达中，不同地方所说的"绿竹"概念亦有所不同。有的地方所说的"绿竹"是指绿竹亚属[*Dendrocalamopsis*（Chia et H.L. Fung）Keng f.]，即包含所有的绿竹亚属（属）的种类。有的地方所说的"绿竹"仅指绿竹亚属一品种*B. oldhamii*（*D. oldhami*）。大部分地方所说的"绿竹"，概念含糊，无明确的界限。本书中的绿竹系指绿竹亚属一竹种。

　　《中国竹类植物图志》（1994）与*Flora of China*（2006）的绿竹分类不同情况见表3-1。

表3-1　分类比较

序号	《中国竹类植物图志》 （1994，绿竹属）	*Flora of China* （2006，绿竹亚属）	异同点
1	乌脚绿（*D. edulis*）	乌脚绿竹（*B. odashimae*）	拉丁名
2	绿竹（*D. oldhami*）	绿竹（*B. oldhamii*）	拉丁名 （修正）
3	苦绿竹（*D. basihirsuta*）	扁竹（*B. basihirsuta*）	中文名
4	吊丝单竹（*D. vario-striata*）	吊丝箪竹（*B. vario-striata*）	/
5	孟竹（*D. bicicatricata*）	孟竹（*B. bicicatricata*）	/
6	壮绿竹（*D. validus*）	/	去除
7	黄麻竹（*D. stenoaurita*）	黄麻竹（*B. stenoaurita*）	/
8	吊丝球竹（*D. beecheyana*）	吊丝球竹（*B. beecheyana*）	/
9	大头典竹（*D. beecheyana var. pubescens*）	大头典竹（*B. beecheyana var. pubescens*）	/
10	大绿竹（*D. daii*）	大绿竹（*B. grandis*）	拉丁名
11	花头黄（*D. oldhami f. revoluta*）	/	去除
12	/	疙瘩竹（*B. xueana*）	增加

3.2　绿竹分类

3.2.1　《中国植物志》等分类法

在《中国植物志》（1996）、《中国竹类植物图志》（1994）、《中国竹类图志》（2008）中绿竹属的分类地位是绿竹属，中国绿竹属（*Dendrocalamopsis*）分为9个种，1个变种，1个变形。

1. 分类地位

禾本科Gramineae A.L. de Juss.

竹亚科Bambusoideae Nees

簕竹超族Bambusatae

牡竹族Dendrocalameae Benth.

绿竹属Dendrocalamopsis (Chia et H.L. Furg) Keng f.

2. 特　征

绿竹属，合轴丛生竹；秆大型，不具枝刺，每节多分枝，主枝较粗长；秆箨脱落性，顶端常为宽圆形，箨耳较小，箨叶多直立或外折，基部宽为鞘顶宽的一半；叶片中大型，小横脉多少可见。假圆锥花序，小穗柄短宿，小花颖片2，外稃和内稃均具多条纵纹，内稃两脊（背面）与边缘均有纤毛，鳞被3，卵形至披针形；雄蕊6，花丝分离，花药隔可向上延伸成刺毛状的尾尖，花柱1，柱头3，羽毛状，子房表面密生绒毛，在横切面上可见子房壁具3条维管束；颖果。

3. 种　类

9种分别为乌脚绿（*D. edulis*）、绿竹（*D. oldhami*）、苦绿竹（*D. basihirsuta*）、吊丝单竹（*D. vario-striata*）、孟竹（*D. bicicatricata*）、壮绿竹（*D. validus*）、黄麻竹（*D. stenoaurita*）、吊丝球竹（*D. beecheyana*）、大绿竹（*D. daii*），1个变种为大头典竹（*D. beecheyana var.pubescens*），1个变形为花头黄（*D. oldhami f. revoluta*）。其中绿竹（*D. oldhami*）（俗称"马蹄绿"）栽培最广。目前，对绿竹属内不同品种间栽培措施的差异尚未进行具体的研究，所以有关绿竹的栽培管理措施适用于其他品种。

3.2.2　*Flora of China*分类法

在*Flora of China*（2006）中，绿竹的分类地位为绿竹亚属，绿竹亚属（*Bambusa subg. Dendrocalamopsis*）分为10个种及1个变种，其中中国9个种及1个变种。

（1）分类地位

禾本科Poaceae (R. Brown) Barnhart

　　竹亚科Bambusoideae Nees

　　　　箣竹族Poaceae Tribe Bambuseae

　　　　　箣竹属*Bambusa Schreber*

　　　　　　绿竹亚属*Bambusa subg. Dendrocalamopsis* L. C. Chia & H. L. Fung

2. 特 征

据李德铢和 Chris Stapleton Dendrocalamopsis Q. H. Dai & X. L. Tao 描述:

秆节间通常 30 ~ 110 cm; 壁通常较薄,厚度常小于 8 mm,但是有时厚度达 2 cm。在秆茎的底部枝条很少分支,通常近等长,枝条和次枝从不发育成刺。秆箨厚,纸质;箨耳缺或小,通常狭长;箨叶易脱落,宽仅箨顶端的 1/3 宽。假小穗,紫色或青铜色。10 个种分别分布在中国的西南部、缅甸,其中 9 个种在中国。

3. 检索表

绿竹亚属检索表见表 3-2。

表 3-2 检索表①

1	秆箨顶部缩小;箨叶片下弯至反折;小穗卵形,有时两侧扁平	(2)	
+	秆箨顶部宽;箨叶片直立;小穗细长,钻石形、圆柱形或卵形,通常两侧扁平	(6)	
2(1)	秆的基部节间缩短,分支从基部的节开始;柱头1个		*B. bicicatricata* 孟竹
+	秆的基部节间不缩短,分支从秆的较高位置开始;柱头1 ~ 3个	(3)	
3(2)	箨叶基部宽为秆箨顶部的 1/3		*B. stenoaurita* 黄麻竹
+	箨叶基部宽较箨顶部收缩不多	(4)	
4(3)	秆初始被有短柔毛,秆箨带有微小的箨耳;柱头1个或2 ~ 4个	(5)	
+	秆初始被有粗硬毛,箨耳小且反折;柱头1个		*B. grandis* 大绿竹
5(4)	秆顶部下垂较长,节下无棕色短柔毛环,基部节没有分枝;柱头2 ~ 4个		*B. beecheyana* 吊丝球竹
+	秆顶部下垂,节下具棕色短柔毛环,基部节具分枝;柱头2个		*B. var. pubescens* 大头典竹

---

① 参照 *Flora of China*,笔者译,增加 *B. var. pubescens*。

续表

6(1)	箨耳无		B. xueana 疙瘩竹
+	箨耳较明显，长圆形、卵形或圆形	(7)	
7(6)	秆箨两边箨耳不相同，大的一个是小的两倍		B. basihirsuta 扁竹
+	秆箨两边箨耳基本相同	(8)	
8(7)	箨舌长 3～9 mm；秆被短柔毛，起初有淡紫色条纹		B. variostriata 吊丝箪竹
+	箨舌高 1 mm；秆无毛，绿色	(9)	
9(8)	小穗细长，(3.0～3.7)cm×0.5 cm（约），8～13朵花；笋箨基部外缘通常做低于附着点的箭状延伸		B. odashimae 乌脚绿竹
+	小穗卵形，（2.7～3.0 cm）×（0.7～1.0 cm），5～9朵花；笋箨基部外缘没有拓展		B. oldhamii 绿竹

3.3　绿竹的种类

3.3.1　绿竹（*Bambusa oldhamii* Munro.）

Bambusaatrovirens T. H. Wen；*Dendrocalamopsisatrovirens* (T. H. Wen) P. C. Keng ex W. T. Lin；*Dendrocalamopsisoldhamii* (Munro) P. C. Keng；*Lelebaoldhamii* (Munro) Nakai；*Sinocalamusoldhamii* (Munro) McClure；*Dendrocalamopsisoldhami* (Munro) Keng f.。

别名：甜竹、吊丝竹（广西），坭竹、石竹、毛绿竹（广东），乌药竹、长枝竹、郊脚绿（台湾），马蹄笋、马蹄绿（福建）。

秆高6～12 m，直径3～7 cm；秆基部节间略呈之字形，长20～35 cm，初时披白色蜡粉，光滑无毛；壁厚4～12 mm；节平无毛，分枝习性高，枝多数簇生于各节上，主枝、副主枝明显。箨鞘黄绿色，质地硬脆，背面贴生棕色细毛，后则无毛而显光泽；箨耳微小，鞘口繸毛纤细；箨舌矮,高约1 mm,顶端截平,边缘全缘；箨叶直立,三角形或长三角形,基部与鞘口等宽,背面无毛,腹部粗糙。叶每7～15片着生于小枝,长椭圆披针形,先端渐尖,基部圆或锐或稍歪斜,边缘有细锯齿而粗糙,表面无毛,背面初有微细毛,其后脱落,侧脉9～14对,小横脉7～9对,长15～30 cm,宽30～60 mm；叶柄长3～6 mm；叶鞘无毛,长7～15 cm,鞘舌截形,鞘耳小,有长7～9 mm的须毛(图3-4～图3-8)。

小穗赤紫色或淡黄色,披针形,长10～20 mm,有花8～10朵,除上端2,3花外,其余均系完全花；外稃卵形或卵状椭圆形,长15～17 mm,宽10～13 mm,两面无毛,有20～30平行脉,上方赤紫色,两缘有白毛,下方为淡黄绿色；内稃较外稃为小,披针形；长12～15 mm,宽3～5 mm,半透明,背面有两龙骨突起,白色；鳞被透明,3片,披针形,长3 mm,宽1 mm,上半部有白色缘毛；雄蕊6枚,花丝长14～17 mm,不抽出于稃外,药露出,黄白色,线形,长7 mm,先端为丝状,有细毛；花柱长13 mm,被有白色

图3-4　绿竹种树冠

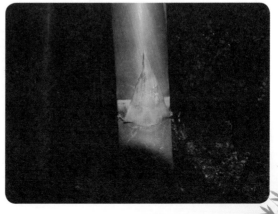

图3-5　绿竹箨叶

图 3-6　绿竹箨背面　　　　　　图 3-7　绿竹箨内面

图 3-8　绿竹种分枝

短细毛，子房卵形，上半部黄绿色，散生有白毛，下半部黄白色。果实状态不详。花期多在夏季至秋季，因时常开花而致枯死者有之。

　　笋味鲜美，俗称"马蹄笋"，为著名笋用竹种。秆可作造纸原料或劈篾编织竹器等。

分布:福建、台湾、浙南、广东、广西、海南等地,多见于河边、山谷。

3.3.2 苦绿竹(*Bambusa basihirsuta* McClure)

Bambusa prasina T. H. Wen;*Dendrocalamopsis basihirsuta* (McClure) P. C. Keng & W. T. Lin;*Dendrocalamopsis prasina* (T. H. Wen) P. C. Keng。

别名:扁竹。

秆高7 ~ 15 m,直径5 ~ 8 cm,秆稍下垂较少;节间长25 ~ 40 cm,新秆被较厚的白粉,稀疏脱落性刺毛,节平;分枝多数,3主枝明显,枝条较短。箨鞘早落,厚革质,绿色,被白粉及棕褐色刺毛,尤以基部中央毛多,先端近截形;箨耳细小,向外翻,边缘被细刚毛;箨舌高2 mm,细齿状,先端被短纤毛;箨叶三角形,直立,腹面具刺毛(图3-9和图3-10)。

小花5 ~ 7;小穗轴不脱节,节间长约2 mm;颖片1或2;外稃约

图 3-9 苦绿竹箨 1

图 3-10 苦绿竹箨 2

1.6 cm×1.0 cm,内稃约1.4 cm;鳞被3,具缘毛;花药长约7 mm,子房卵球形,长1.5～2.0 mm;花柱长3～5 mm;柱头3,大4～6 mm。颖果未知。

笋可食用,略带苦味,出土后苦味较大。树姿较好,具有一定的观赏价值(图3-11和图3-12)。

分布:福建、广西、广东。

图 3-11　苦绿竹树冠 1

图 3-12　苦绿竹树冠 2

3.3.3　吊丝球竹（*Bambusa beecheyana* Munro）

Dendrocalamopsisbeecheyana (Munro) P. C. Keng；*Neosinocalamusbeecheyanus* (Munro) P. C. Keng & T. H. Wen；*Sinocalamusbeecheyanus* (Munro) McClure。

别名：甜竹、马尾竹、大头典、大头竹、坭竹（均广东）。

秆高8～12 m，直径6～10 cm，顶端弯曲弧形，下垂呈钓丝状，节间长30～40 cm，幼时被薄白粉和易脱落的稀疏微毛；秆壁厚1.5～2.0 cm；秆基部数节的秆环上有根点及毯毛状毛环。箨鞘长圆口铲形，背面贴生深棕色或黑色刺毛，以基部较密集；箨耳细小，反曲，边缘繸毛曲折，细弱；箨舌显著伸出，高4～5 mm，顶端截平形，边缘齿状；箨叶卵状披针形，略反转或直立，背面无毛，腹面被深棕色或丝白色细毛。叶片矩状披针形，大小变化大。

小花6～8；小穗轴不脱节，节间长约2 mm；颖片2，心形，4～5 mm，具缘毛；外稃约9 mm×9 mm；内稃4～8 mm；鳞被3，具缘毛；花药长约5 mm；子房卵球形，长约1.5 mm；柱头(1或)2～4，约6 mm。颖果未知。笋期6—7月，花期9—12月。

笋肉肥厚、味美。竹材坚硬，可作建筑、竹排、水管等用材。

分布：广西、广东、海南等地，常见于河岸、村边和路旁。

3.3.4　大头典竹 [*Bambusa.beecheyanavar.pubescens* (P. F. Li) Keng f.]

Sinocalamusbeecheyana（Munro）McClure Var. pubescens P. F. Li。

别名：新竹、荣竹、大头竹、马尾竹、大头甜竹、朱村甜竹（均广东）。

本变种与吊丝球竹的主要不同点在于：秆顶端稍弯曲而不下垂；幼时秆基部节间全部被柔毛；分枝习性低。

用途同吊丝球竹。

分布：广西、广东、浙江。

3.3.5　孟竹 [*Bambusa bicicatricata* (W. T. Lin) L. C. Chia & H. L. Fung]

Sinocalamusbicicatricatus W. T. Lin；*Dendrocalamopsisbicicatricata* (W. T. Lin) P. C. Keng；*Neosinocalamusbicicatricatus* (W. T. Lin) W. T. Lin。

秆高8 ～ 10 m，直径5.5 ～ 7.5 cm，顶部下弯；秆壁甚厚约1.5 cm，节隆起，节间略收缩，下部的箨环常为两圈的环纹所组成，节间长20 ～ 35 cm。秆箨脱落，箨鞘先端拱凸或圆形，最初背面贴生黑色刺毛；箨耳反折、线形；箨舌中部高3 ～ 4 mm，边缘具细锯齿；箨叶小，卵状披针形，下弯或反折。枝丛生，常3枚粗壮，叶片长椭圆状披针形，长10 ～ 22 cm，宽2 ～ 4 cm。

小花6 ～ 8，顶端2不育；小穗轴节间约2 mm；颖片2或3，近心形，约5 mm，无毛。外稃7 ～ 8 mm，具缘毛；内稃7 ～ 8 mm；鳞被3。花药长约3.5 mm。子房约3.5 mm；柱头1。颖果未知。笋期6—10月，花期冬季。

笋可食，秆可作建筑脚手架、家具等用材。

分布：海南，广东、广西、云南有栽培。

3.3.6　大绿竹 [*Bambusa grandis* (Q. H. Dai & X. L. Tao) Ohrnberger]

Dendrocalamopsisgrandis Q. H. Dai & X. L. Tao，*Dendrocalamopsis. daii* P. C. Keng，nom. illeg. superfl.；*Dendrocalamopsis* D. DaiiKeng f.；*Neosinocalamusgrandis* (Q. H. Dai & X. L. Tao) T. H. Wen。

秆10 ～ 15 m，直径8 ～ 10 cm，梢部呈弓形下垂，新秆绿色，薄被白粉；节间长30 ～ 40 cm，基部稍膨大，最初疏生糙硬毛，1主枝粗壮，壁厚2.0 ～ 2.5 cm。箨鞘淡绿黄色，上部广圆，背面开始被褐黑色刺毛，不久则脱落；箨耳窄，线形，多少向外反折；箨舌高3 ～ 5 mm，边缘细齿状，两侧常向上延伸呈小尖角状；箨叶反折，卵状披针形，背面无毛，腹面有向上的粗硬毛。叶片披针形，长15 ～ 20 cm，宽3 ～ 5 cm。

小穗轴不脱节，节间长约2 mm。颖片1，具缘毛；外稃1.0 ～ 1.2 cm，具缘毛；内稃0.8～1.0 cm；鳞被3；花药长约6 mm；子房倒卵球形；花柱长约4 mm；柱头1。颖果未知。笋期6—10月。

竹秆可作建筑等用材，笋美味可食。

分布：广西。

3.3.7　乌脚绿竹（*Bambusa odashimae* Hatusima ex Ohrnberger）

LelebaedulisOdashima；*Bambusataiwanensis* L. C. Chia & H. L. Fungin；*Dendrocalamopsisedulis* (Odashima) P. C. Keng；*Bambusaedulis* (Odashima) Keng f. *Sinocalamusedulis* (Odashima) P. C. Keng f.。

别名：胡脚绿、四季竹（台湾）。

秆高10～20 m，直径7～12 cm，节间20～35 cm，壁厚1.0～1.8 cm，分枝很多从基部的节开始。秆箨脱落，革质，下部具糙硬毛，先端籜竹广圆拱形；籜耳小；鞘口縫毛稀疏或无；籜舌约1 mm，全缘或具缘毛；籜叶片直立，基部约为宽鞘先端的1/2，外边缘通常具箭头扩张，正面具糙硬毛。

小穗花8～13，终端2～3小花不育；小穗轴不脱节，节间约2～3 mm；颖片1,8～10 mm；外稃8～13 mm；内稃6～10 mm；鳞被2或3，1.5～2.0 mm；花药4.0～4.5 mm；子房长圆形，1.5～2.0 mm；花柱长约2 mm；柱头3。颖果未知。

分布：台湾。

3.3.8　黄麻竹 [*Bambusa stenoaurita* (W.T. Lin) T. H. Wen]

Sinocalamusstenoauritus W. T. Lin；*Dendrocalamopsisstenoaurita* (W. T. Lin) P. C. Keng ex W. T. Lin；*Dendrocalamopsis. stenoaurita* (W. T. Lin) Keng f. ex W. T. Lin；*Neosinocalamusstenoauritus* W. T. Lin。

秆高10～12 m，直径5～8 cm，节间长22～35 cm，绿色，无毛，节下具白粉环，壁厚1 cm。秆箨脱落性，籜鞘橄榄色具紫纹，先端弧形微凹，两肩微隆起，背面贴生棕色刺毛，尤以下部为密；籜耳狭，线形，略向外反折；籜舌高3 mm，边缘有细齿；籜叶卵状披针形，下弯或反折，基部收缩,宽为鞘顶的1/3～1/4,近无毛。分枝多枚,3主枝粗壮,叶片线状披针形,长13～25 cm,宽1.5～3.0 cm。笋期7—9月。

小穗2.0～2.5 cm;苞片1或2;小花约6;小穗轴不脱节,节间约2 mm;颖片1或2,具缘毛;外稃10～12 mm,缘有纤毛;内稃与其外稃等长;鳞被3,长约3.5 mm,具缘毛;花药8～10 mm;子房卵球形,3～4 mm;柱头1或2～4。颖果未知。笋期7—10月。

笋味鲜美可食,具有软、滑、香脆等特点。秆可作一般的棚架等用材。

分布:广东。

3.3.9　吊丝箪竹[*Bambusa variostriata* (W. T. Lin) L. C. Chia & H. L. Fung]

Sinocalamusvariostriatus W. T. Lin;*Dendrocalamopsisvariostriata* (W. T. Lin) P. C. Keng;*Dendrocalamopsisvario-striata* (W. T. Lin) Keng f.;*Neosinocalamusvariostriatus* (W. T. Lin) J. F. Zhuo.

别名:沙河吊丝单。

秆高5～12 m,直径4～7 cm,顶端弯垂,略呈钓丝状;节间最初有紫色条纹,长15～30 cm,初时贴生柔毛,后变无毛;秆基部具纵纹,下部的节内常具一圈紧贴白色短柔毛。秆箨脱落,背面无毛或在基部贴生紫褐色易脱落刺毛;箨耳长圆形,边缘具繸毛;箨舌中部高3～9 mm,顶部拱形或截平,具细锯齿;箨叶直立,三角状披针形,下部为三角状卵形,先端长渐尖,基部紧缩,略为心形或截平。分枝多数,1主枝2侧枝明显,叶片线状披针形,长13～26 cm,宽1.6～3.0 cm。笋期5—11月,盛期7—9月。

小穗3～5 cm;苞片3～5;小花5～6;小穗轴不脱节,节间的2～3 mm;颖片1.1 cm长;外稃片约1.5 cm;内稃片约1.5 cm;鳞被3,长4～5 mm。子房卵形,长2.5 mm;花柱长约5 mm;柱头3。颖果不详。

笋产量较高,笋味美。秆可作棚架等用材,略较绿竹耐寒。

分布:广东,浙南有引种。

3.3.10 疙瘩竹（*Bambusa xueana* Ohrnberger）

Neosinocalamus yunnanensis Hsueh & J. R. Hsueh；
Bambusa tengchongensis D. Z. Li & N. H. Xia, nom. illeg. superfl；
Bambusa yunnanensis (Hsueh & J. R. Hsueh) D. Z. Li。

秆高8～12 m，直径4～7 cm，顶部下垂；节间长40～50 cm，最初被灰白色或棕色短柔毛，秆环具棕色绒毛，壁厚15 mm；多分枝，主枝明显。秆箨缓慢脱落，革质，背面密被棕色刺毛；箨耳无；箨舌约2 mm，细锯齿状；箨叶直立，三角形或长三角形，基部和鞘先端等宽。

小穗黄绿色或稍淡紫色，大小20 mm×7 mm，小花5～8；小穗轴脱节；颖片1或2，黄色，革质；外稃宽卵形，大小约14 mm×11 mm，脉14～16，先端短尖；内稃狭窄，龙骨具柔毛，脉5～7；鳞被2或3，透明，具缘毛；花药黄色，长约6 mm，子房梨形，密被柔毛；柱头2或3。

分布：云南等。

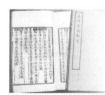

参考文献

[1] 1989—2013 Flora of China编委会.Flora of China［M］.北京：科学出版社，密苏里植物园出版社，2006.

[2] 易同培,史军义,马丽莎,等.中国竹类图志［M］.北京：科学出版社，2008.

[3] 中国科学院植物研究所.中国高等植物图鉴［M］.北京：科学出版社，1976.

[4] 中国科学院中国植物志编辑委员会.中国植物志［M］.北京：科学出版社，1996.

[5] 朱石麟,马乃训,傅懋义.中国竹类植物图志［M］.北京：中国林业出版社，1994.

第4章　绿竹生长特性

绿竹生长的生境条件及引种范围；绿竹笋的形成与发育，产笋与母竹的关系，培土对产笋的影响；绿竹材生长特性。

4.1　适生条件、引种范围

4.1.1　气候条件

绿竹的生长需要温暖湿润的气候条件，一般要求年均温≥17.5 ℃，月均温≥7.5 ℃，极端低温>-5 ℃，年平均降雨量>1 500 mm。当气温>15 ℃时，绿竹开始生长，在25 ℃左右生长最佳。当土壤温度>21 ℃时，绿竹的笋芽开始生长；土壤温度<21 ℃时笋芽停止生长。当气温≤1 ℃时绿竹发生寒害；<-3 ℃时叶片受冻；<-5 ℃时，枝秆受冻(图4-1)。
气温降低的幅度、速度以及低温的持续时长，

图4-1　受冻的绿竹林

降温时空气的湿度等其他气象条件，对绿竹冻害程度产生一定影响。

　　不同栽培环境下的绿竹，其抗寒能力有差异。不同的绿竹年龄以及不同的栽培状况，其抗寒能力亦有所差异，如一年生竹抗寒能力小于二年生竹，二年生竹小于三年生竹；同为一年生绿竹，更早时间的成竹比更迟时间的成竹抗寒性更好。总而言之，年龄（时间）越老越抗寒；生长健壮的植株抗寒能力大于生长较差的植株。

4.1.2　土壤条件

　　绿竹喜欢疏松、肥沃、富含腐殖质的冲积土、壤土、沙壤土，要求酸性至中性土壤，即土壤酸碱度为pH 4.5 ～ 7.0。江河两岸和沙洲，山谷、山脚、山腹地带、房前屋后等，均可生长，其中山地以南向、东向、东南向为好（图4-2 ～ 图4-5）。绿竹具有一定的耐盐碱能力，沿海滩涂可以选择性种植。

　　土壤疏松与否对绿竹的生长影响程度较大。在绿竹产区，人们选择绿竹林地时，一般首先选择江河两岸，除了考虑水分因素外，重要考虑的是土壤疏松因素。早先人们栽培绿竹，经营水平粗放，很少施肥，可是种植在江河两岸的绿竹生长良好，依然植株高大、枝叶茂盛；在绿竹产区可见许多绿

图 4-2　堆积土绿竹林

图 4-3　沙洲绿竹林

图 4-4　海岸绿竹林

竹被种植在农户房屋前的堆积土上,而且生长良好,堆积土绝大部分为建房时被废弃的土壤,这种土壤往往肥力低、结构差,绿竹也能生长良好。上述两种现象反映了土壤的疏松度对绿竹的生长有很大的影响。

图 4-5　山地绿竹林

4.1.3　引种范围

　　综合各地绿竹的生长表现情况,引种绿竹的最主要限制因素是气温,而气温中最关键的因子是月均温和极端低温。我国有许多地方不适宜发展绿竹,其最主要的原因就是月气温较低。绿竹在年均温≥18 ℃,月均温≥8 ℃,极端低温≥-3 ℃的地区种植表现良好,可

以广泛引种栽培；而在年均温<17.5 ℃，月均温<7.5 ℃，极端低温
<－ 6 ℃的地区，引种绿竹要通过试验观察或驯化后才能推广。中国
绿竹现有资源主要分布地见表1-1。

4.2　笋的生长特性

　　绿竹笋、秆是目前种植绿竹的主要经济收获物，因此，认识绿竹的
出笋特性以及绿竹笋的成竹生长
过程，掌握其生物学特性及其生长
的制约因子，对提高绿竹栽培的产
量和质量具有十分重要的意义。

　　笋是竹子生长过程的初始状
态，竹笋、幼竹生长与枝叶生长
（图4-6）都为营养生长，也是形态
生长。竹笋与幼竹两者没有十分
明显的分界点，也并无本质上的
区别。

图 4-6　枝条生长

4.2.1　笋芽、笋的形成与发育

　　绿竹秆基的笋芽（笋目）与其母竹同时发育形成（图4-7）。一般新
竹秆基上的笋芽形成后，进入冬季休眠状态，到了第2年的2，3月份当
土壤温度回升时，开始萌动。

　　绿竹笋采收后留在笋基（俗
称笋头）上的笋芽可以在当年继
续生长发育成第二代绿竹笋，这
种绿竹笋叫"二水笋"，有的地方
也叫"二次笋"。早期、中期萌发
的绿竹笋被采挖后，留下的笋基
一般很快又发成二水笋。有的二

图 4-7　笋芽

水笋的笋基又可再发新笋,成为"三水笋",三水笋可再发新笋叫"四水笋"。绿竹一年内最多可发5次笋,成为"五水笋"。

二水笋的生长必须具备两个条件:一是笋基上有笋芽,因此采笋时切断的位置对笋的产量产生影响;二是笋基与母竹需保持营养输送通道,因为笋基与母竹的联系是笋芽生长所需的营养物质的保证。

图4-8　母竹、二水笋等

当新竹萌发二水笋时,由于新竹尚在抽枝展叶,根系尚未形成,自身又消耗大量养分,此时如果营养不足,二水笋将因养分严重不足而萎缩死亡。同时,抽过"二水笋"的"早熟"新母竹也由于二水笋的养分消耗,而处于严重的"饥饿"状态,竹蔸上留存的芽眼,也多半变"虚",次年不再萌发(图4-8)。因此在绿竹的栽培管理中,不论是成林培育,还是苗木培育,能否提供充足的养分,对绿竹的发展和绿竹的产量都具有很大的影响。

一般绿竹秆基上的笋芽只有70%～80%的数量产生萌动。绿竹笋芽萌动生长时,首先是芽尖顶端的分生组织开始分裂,进而分化形成节、节隔、笋箨、居间分生组织、侧芽等,然后居间分生组织继续分裂新细胞,促使个体(笋芽)的伸长生长,个体同时进行横向生长即膨大,这一系列过程即为笋体的发育过程(图4-9)。

图4-9　笋芽结构

萌动的笋芽并非都能发育成笋，发育成笋后也并未都能生长成竹。有的笋在一定时间后，由于营养不足，便停止发育，最后腐烂。萌动的笋芽大约只有73%能发育成笋，这个数量只占绿竹笋芽的45% ~ 60%。

绿竹笋发育，一般都是先做短距离的水平方向生长，然后梢端向上弯曲，开始做垂直向上生长，形成竹笋，出土成竹。绿竹笋的生长方向与相邻的竹笋分布、土壤空间等因素相关。

4.2.2　笋芽的萌动

绿竹秆基笋芽在成笋出土之前，先经过萌动膨大的过程。判断笋芽的萌动看包裹在笋芽外的箨衣是否开裂以及笋芽是否开始露出鲜艳的色泽为依据（图4-10和图4-11）。根据对一年生母竹定时定株调查（表4-1），绿竹的笋芽萌动，始于2月下旬—3月上旬，3月下旬—4月下旬为萌动盛期，整个萌动期历时90余天，部分笋芽的萌动时间要等到秋季，或者次年。竹笋芽的萌动除与温度有关外，还与植株营养、临近的笋芽等因素有关。

图 4-10　萌动的笋芽

图 4-11　发育的笋芽

表4-1　笋芽萌动情况调查

日期（日／月）	1/3	17/3	1/4	21/4	10/5	28/5	合　计
萌动数／个	37	71	90	103	108	111	111
萌动率／%	26.4	50.7	64.3	73.6	77.1	79.3	79.3
占萌动数／%	33.3	64.0	81.1	92.8	97.3	100.0	100.0

注：总调查数140个。

绿竹笋芽的萌动顺序一般是从头芽（头目）、二芽（二目）开始，由下而上；但也有从二芽开始的，这种情况一般是头芽发育几天后便停止生长，二芽接着开始生长。绿竹笋芽生长顺序亦有自上而下。总之，绿竹笋芽的生长没有固定的顺序，但每个竹苑的一定时间段内只有一个笋芽在发育生长。

笋芽的大小和萌发力与其着生的部位有关，分布在秆基中、下部的笋芽，即基目，充实饱满，生命力强，萌发较早较多，出笋较肥大，成竹质量高；着生在秆基上部的笋芽，即顶目，特别是那些露出地面的笋芽较小，生活力较弱，萌发也较迟、较少（图4-12）。

图 4-12　长出地面的笋体

4.2.3　出笋温度、时间和笋期划分

1. 出笋温度

试验表明，在自然因素方面，日均气温或20 cm土壤温度均达到21 ℃时，绿竹笋开始生长；在日均气温或20 cm土壤温度均达到25 ℃时，绿竹笋达到较旺盛的生长时期。通过对不同研究地的观察及产地农户的问询调查表明，除了不同自然条件外，不同经营措施下的绿竹林，其笋的生长（笋芽萌动）时间亦有所不同。在经营措施方面，产笋时间与留养母竹的时间、一年生竹所占的比例，以及施肥时间、晒目等，存在相关性。

试验还表明，绿竹笋通常在日均气温降至约25 ℃，20 cm土壤温度降至约28 ℃时基本不生长。当日均气温或20 cm土壤温度降到21 ℃时，绿竹笋停止生长。

2. 出笋时间

绿竹笋通常从5月中下旬开始生长，即立夏至小满间开始生长，6月初即农历芒种左右，其达到较旺盛的生长时期。绿竹笋在每年的

9月中旬之后，即白露或秋分之后，基本进入出笋尾声，笋期一般结束于9月下旬的秋分或10月中下旬(霜降)。

绿竹笋生长的持续时间即笋期长达3～6个月，100～180 d，占全年时间的1/4～1/2。绿竹林的笋期长短主要取决于经营状况、气温等，经营良好，气温较高的绿竹林笋期较长，否则笋期较短，一般经营的绿竹林笋期为3个月。不同地区、不同年份随着气温和湿度条件的不同，绿竹出笋期的长短或起止时间，一般都有所不同。在气温较高、湿度较大的地区或年份笋期要早些，南部地区笋期较北部的早些。覆盖保温等栽培措施也可在一定程度上改变绿竹笋的出笋时间。

在绿竹笋期内的不同时间里，发笋的数量、重量不同，所发的笋个体大小、重量亦随时间的不同而不同。7月、8月为主要发笋期，期间气温高、生长条件好，笋又多为秆基中部、下部的笋芽萌发而成，笋芽饱满、生命力强，这一时期发笋数量最多、重量最重，所发笋最大、最重、最饱满，故产量最高、质量最好。

3. 笋期划分

关于出笋时期的划分，目前尚未有一致标准。绿竹的笋期可划分为3个阶段、4个阶段或5个阶段，若划分成3个阶段，则为初期、盛期、末期；若划分成4个阶段，则为初期、盛期、递减期、末期；若划分成5个阶段，则为初期、递增期、盛期、递减期、末期。笋期是人们根据出笋量的大小和变化对出笋时间进行人为划定，不同时期之间并无严格的界限，在生产上可灵活掌握。

某一群体(丛)的绿竹或某一集群(片)的绿竹，在出笋的一个周期内，出笋量一般显现正态分布曲线或偏态分布曲线(图4-13和图4-14)。绿竹笋期的初期、递增期比较短，尤其是递增期，一般绿竹长笋在经过15 d左右的初期后，迅速增加产量，这个阶段叫递增期，递增期较短约10 d；递增期之后，绿竹笋进入盛产阶段，这个阶段叫盛期，约20 d；盛期之后，产笋量相对缓慢地下降，叫递减期，递减期约30 d；递减期之后，绿竹林的产量进入"低迷"阶段，即末期，末期约20 d。

绿竹发笋量主要集中在盛期，盛期一般在每年的6月下旬—7月下旬，其中峰值一般出现在7月上旬。盛期出笋数量占全年出笋总量的

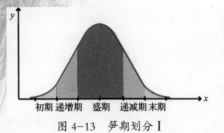

图 4-13   笋期划分 I

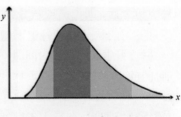

图 4-14   笋期划分 II

45% ～ 70%，即在每年占出笋期1/5的时间里，出笋数量占了全年出笋总量的2/3左右。初期、递增期及递减期、末期的时间分别在盛期的前后，出笋数量合计占全年出笋总量的30% ～ 55%。

4.2.4   产笋与母竹粗度的关系

虽然绿竹母竹的粗度即秆的直径各不相同，但是其秆基笋芽的数量基本相同，一般都在5 ～ 10 个范围内；不过直径大的母竹比直径小的母竹，其笋芽数多的概率更高。

母竹的直径对笋芽的萌动，尚未发现有影响。不论母竹秆的直径大小，秆基笋芽的萌动率一般为70% ～ 80%。

虽然母竹的直径与秆基的笋芽数量及笋芽的萌动率无一定的关系，但母竹直径的大小对出笋数会产生一定的影响，绿竹母竹直径越大，出笋数也越多。绿竹秆基能萌动的笋芽并不一定都能出土成笋，有的笋芽在萌动后的生长中由于营养不足等原因，便停止生长。母竹的粗度的大小造成其植株的同化作用有所不同，植株同化作用的强弱影响笋芽的养分供应及其他因素，对出笋数产生一定影响。

对母竹秆的直径与出笋数、笋个体大小的关系，浙江某地曾做过调查（表4-2），当绿竹的秆径（丛平均）增大，绿竹的丛产笋量随之增加；而其产量的增加主要表现在出笋数的增多，其单个笋的重量，并未有多大的变化。这是因为绿竹的秆径越大，个体的生物量就越大，树冠的枝叶量就越多，光合作用面积也越大，提供给地下茎的养分就越多，产量就越高，所以在生产中应尽量选留较大的笋做母竹，这样有利于提高绿竹笋的产量。

表4-2 丛平均秆径与出笋的关系

丛均直径 / cm	丛产笋重量 / kg	丛产笋数量 / 个	单笋均重 /kg
3.9	1.1	3.0	0.37
4.4	1.3	3.5	0.37
4.8	5.5	16.9	0.33
5.3	5.9	17.2	0.34
5.8	6.1	17.6	0.35
6.2	8.1	25.3	0.32

4.2.5 产笋与母竹年龄的关系

绿竹植株的出笋情况与母竹的年龄关系较为密切。一年生的绿竹其秆基的笋芽最多,活力最为旺盛(图4-15),二年生的笋芽次之(图4-16),三年生的笋芽很少,活力很小(图4-17)。一年生的绿竹秆基笋芽在夏季有2～6个能萌笋长竹,其余的笋芽大部分在第二年萌发,第一年、第二年之后未萌发的笋芽已经很少了,三、四年生以上的绿竹其秆基的笋芽不仅少,而且基本失去萌发力而成为"虚目"。

图 4-15 一年生枝条

图 4-16 二年生枝条

图 4-17 三年生枝条

据浙江省亚热带作物研究所对30丛259株样竹的调查（表4-3）：一年生、二年生、三年生的母竹株数分别占调查总母竹数的39.77%、37.45%、22.78%，而它们的出笋比例则分别是：93.30%、6.22%、0.45%。也就是说，在整个竹林中，母竹株数仅占39.77%的一年生竹，其出笋数所占比例高达93.30%；母竹株数占37.45%的二年生竹，其出笋数占6.22%；母竹株数占22.78%的三年生竹，其出笋数仅占0.48%。

表4-3   母竹年龄与发笋量的关系

| 年　龄 | 母竹株数 | | 出笋数 | | 平均母竹出笋数／ |
	数量／个	%	数量／个	%	（个／株）
一年生	103	39.77	195	93.30	1.89
二年生	97	37.45	13	6.22	0.13
三年生	59	22.78	1	0.48	0.02
小计	259	100	209	100	0.81

虽然二年生母竹的出笋能力已大为减少，三年生的母竹基本失去出笋能力，但由于二、三年生的绿竹能进行光合作用（同化作用），尚能为绿竹群体（丛）提供营养物质，因此每年绿竹林砍伐时要完全保留一年生竹株，少部分合理保留二年生竹株，而三年生的母竹可根据树冠以及三年生母竹的长势保留1～3株，或完全不保留，四年生及四年以上的老竹则完全去除。

值得注意的是，竹林的出笋数量不是完全取决于一年生、二年生竹的数量，绿竹秆基上的笋被采收后，其笋头上的笋芽又继续发育成笋，成为二水笋，二水笋还可继续发育成三水笋、四水笋；秆基上未能发育成竹的笋芽与被采收后的笋芽一样，其笋头上的笋芽又继续发育成笋，成为二水笋、三水笋。因此，竹林的出笋数量不是取决于一年生、二年生竹的数量，一年生、二年生竹的出笋数量只是在其群体中占有一定的比例。

4.2.6   产笋与丛立竹数、密度的关系

每丛绿竹各株之间的个体既是独立的又是互相联系的，在生产实

践和理论研究中,丛常作为一个单元,反映或表达绿竹的生长状况、经营情况等。绿竹的丛立竹数是指一丛(一个座底)的立竹株数。绿竹的丛立竹数不一样,最直观的表现是其树冠的大小不同,以及所占的土地面积不同。当然,相同的丛立竹数其树冠和所占的林地面积也不尽相同。

绿竹笋生长的营养源主要来自母体,少部分直接来自土壤,所以,绿竹的丛立竹数对出笋量有着很大的影响。绿竹丛立竹数不同,其地下竹蔸的分布空间以及地上部树冠的受光面积、通气状况也不同,进而影响竹丛的产量。研究表明(表4-4),从总体上看,竹丛的出笋株数和重量随着丛立竹数的增加而增加,呈正相关关系;而竹丛的平均单株出笋数量和重量却随丛立株数的增加而减少,呈负相关关系。

表4-4　不同竹丛立竹数与出笋量的关系

| 丛平均立竹数 / | 丛平均出笋数量 | | 株平均出笋数量 | |
(株 / 丛)	株数	重量 / kg	株数	重量 / kg
4.5	11.0	3.4	2.4	0.76
7.8	11.4	3.9	1.5	0.50
	17.1	5.6	1.4	0.45
	17.4	6.9	1.0	0.40
	30.5	8.4	1.3	0.37
	26.4	9.0	0.9	0.32
	24.0	8.7	0.7	0.26
39.0	31.0	8.8	0.8	0.23
45.0	55.0	17.9	1.2	0.39
总	14.0	17.1	5.8	1.2

注:潘孝政和金芳义。

绿竹林的留竹数量尚待进一步研究,因为试验与生产得出的结论不同,不同试验得出的结论也有所不同,目前福建省的绿竹主产区普遍的留竹数量为3~6株/丛。绿竹丛立竹数应该根据以下几个因素确定：①丛与丛之间的密度：丛密度大，绿竹林丛留竹数量相对小些，否则相反。一般株行距3 m×4 m的绿竹林留竹3～5株/丛。②不同地类。河岸种植的绿竹林留竹数相对少些，山地种植的绿竹林留竹数相对多些，因为河岸的绿竹树冠通常较大，四旁零星种植的绿竹林可适当多留。③不同坡度的绿竹林地。坡度小的林地相对小些，有一定坡度的林地通气状况较好，相对多留些。④管理的集约程度。总之，绿竹丛留竹数量应该根据树冠大小、叶面积指数、管理需要等因素确定。

绿竹的密度有丛密度、株密度。绿竹为丛生竹，每丛为一个相对独立的单元，丛密度为单位面积的土地内所拥有的绿竹丛数量，是反映绿竹林林分状况的指标之一，在生产实践中具有较大的指导意义。株密度为单位面积的土地内所拥有的绿竹植株（单株）数量。绿竹林虽然以丛为单元，但植株数量是绿竹生长空间的主要决定因素，因此株密度是反映绿竹林状况的重要指标之一。

有关绿竹单位面积的丛数问题，即栽植密度或株行距，目前尚未有十分肯定的研究结果。金川通过对种植密度、丛留母竹数、施肥量、扒晒时间4个因子的试验结果（表4-5），认为绿竹密度对出笋量的影响最大，较丛留母竹数多少的影响及施用有机肥的多少、扒晒时间等方面的影响都更大，认为绿竹的密度应确定为3 m×4 m（每亩[①]55丛）或4 m×4 m（每亩42丛）为佳；但许多竹农的经验认为肥料对笋的产量影响最大。

表4-5　密度等因子对笋产量的影响水平

因　　素	出笋数		笋产量	
	F值	极差	F值	极差
密度	12.63	283.6	15.33	63.2
扒晒	10.74	253.1	9.67	94.4
留母	6.78	108.0	7.45	54.3
肥料	1.41	59.2	2.06	37.9

注：参金川。

① 1亩≈666.7平方米。

目前,在绿竹的计量中,如种植的数量、种植密度、单位的产量等,有以丛作为单位的,亦有以面积作为单位的。一般农民多习惯于以丛作为单位,如种植丛数、丛立竹数、丛产笋量等。由于绿竹各丛的立竹数有很大的不同,因此作为指标用于计量,有很大的缺陷,而使用面积作为单位,更能反映土地的使用率和光能的利用率,鉴于此,应该使用面积作为计量单位。但使用面积为单位,也有一定的缺点,因为丛生竹的根系分布范围小,集中分布于母竹秆基所控制的范围内,不同于散生竹的鞭根系,强烈地向四周扩展延伸,分布于整片土地面积而吸收养分,与整片面积的土地密切相关。同时,在耕作管理、产量等方面,丛生竹(绿竹)与"丛"有着较大的相关性。

不同立地的绿竹长势有所不同,立地条件较差的如山地,绿竹的长势相对较差,树冠较小。在生产实践中,具体的栽培密度应根据树冠的大小做适当的调整。

4.2.7　培土对产笋数量、质量的影响

绿竹笋在长出地面后,其品质便开始变化。绿竹笋的采挖一般在笋尖露出地面5 cm以前,即绿竹笋采挖的时间点是特定的,所以笋体在土层中的深度,关系着笋的大小和笋的质量,即笋的重量和质量问题。笋的深度越深,笋在土层中的长度越长、粗度越大,笋体就越大、越重,同时,笋在土层中的深度越深,笋的质量越好,笋体的可食率就越高。

在生产经营中,培土是增加笋在土层中深度的主要途径,适当的培土对提高绿竹林的产笋量和笋的质量具有十分重要的作用。浙江省亚热带作物研究所试验,培土在一定范围内对笋体有良性促进作用。当培高10 cm时,笋单体重平均为550 g,较不培土的对照组(425 g)增重29.4%,而笋体嫩度,可食部分的比例及营养成分几近不变(表4-6)。如继续培高10 cm(即较对照增20 cm),单体重仅增10.9%,而可食部分和蒲头比例已分别下降5.4%和增加4.2%,且纤维老化、糖度下降,食用价值降低。另外,培土高度由10 cm增至20 cm,每亩要多投入3～4工日,即经营效益下降,所以,培土的理想高度为10 cm。

表4-6　培土对笋体大小和营养成分的影响

培土高度 /	笋体重 /	可食率 /	蒲头重 /	箨重 /	营养成分 /%		
cm	g	%	%	%	纤维	还原糖	蛋白质
0	425	63.5	15.2	21.3	0.73	1.57	1.93
10	550	62.8	15.5	21.7	0.74	1.58	1.91
20	610	57.4	19.7	22.9	0.86	1.42	1.92

4.3　立竹的生长特性

4.3.1　立竹高生长

丛生竹的竹笋出土后,其各节的居间分生组织继续分裂,开始伸长生长,即绿竹的竹笋-幼竹的高生长。绿竹的高生长与散生竹的高生长的规律基本相同,遵循慢—快—慢—停的生长节律(图4-18)。绿竹的高生长也可以划分为初期、上升期、盛期和末期4个阶段。初期高

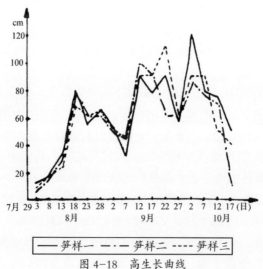

图 4-18　高生长曲线

生长极为缓慢,每天生长量只有几毫米,最大不超过2 cm;盛期的生长速度最快,日生长量15 ～ 18 cm;末期的生长速度又变缓慢,最后逐渐停止生长。

绿竹的高生长历时85 d左右,但晚期笋的高生长就常待到来年春季气温回升时继续生长,至3月下旬前结束。

绿竹的高生长总量可达10 ～ 12 m,平均日生长量11 cm左右,最大日生长量可达25 cm。

4.3.2 材性生长

绿竹在完成高生长及抽枝发叶后,便进入竹材材性的生长阶段。绿竹的材性的生长与散生竹基本相同,生长期间维管束不断完善,各种细胞组织进一步分化形成,各种器官如叶片迅速生长。

图 4-19 秆芽萌发

绿竹在8月以前萌发的笋,一般当年就能完成高生长及抽枝展叶(图4-19),生长为成竹。8月中下旬以后萌发的笋,次年4月左右成竹(另见4.3.3枝叶生长)。幼竹成竹后即为一年生竹(有的地方将从高生长停止到次年发笋期间的竹称为一年生竹)。

绿竹植株可以划分为幼龄竹、壮龄竹和老龄竹3个阶段。一年生竹为幼林竹,发笋力最旺盛,二年生、三年生竹为状龄竹,四年生及以后的竹为老龄竹。

一年生竹处于幼龄竹阶段,其竹秆的高度、粗度和体积基本不再变化,但其内部组织幼嫩,水分含量高,干物质少。一年生竹经过夏秋季的笋期后成为二年生竹。二年生竹,其枝叶、根系得到充分的发展,同化作用和吸收作用基本完善,生理代谢活力强,有机营养物质逐渐积累,竹材的各种物理性质增强。三年生竹基本上不发笋,水分减少,干重增大,竹秆组织也相应老化充实,竹材性质良好。四年生竹代谢能力开始下降,同化作用大大减弱。五年生及以上竹的叶片数量渐少,根系逐渐稀疏，生理活动逐渐衰退，材质逐渐下降，竹子进入老龄阶段，开始出现枯竹。

4.3.3　枝叶生长

绿竹秆各节一般都有侧芽，老龄竹基部几节可能没有侧芽。在竹笋到幼竹生长过程中，由于受到顶端优势的影响，基部的侧芽处于休眠状态，故在高生长停止前很少抽枝发叶。早期出土的新生幼竹，当年就可完全抽枝展叶（图4-20）；晚期出土的幼竹，当年未能抽枝展叶，呈光秃状，直至来年的4月下旬至5月中旬才完成抽枝长叶，成为完整的竹株。不论是幼竹的高生长，还是抽枝展叶，其生长

图4-20　枝叶生长

物候都随着不同地区气候的变化而有所不同。根据在福建省尤溪县的观察，8月以前出土的竹笋，当年就可完成枝叶生长，8月以后出土的，当年只能完成高生长或部分枝叶的生长（表4-7）。

表4-7　绿竹幼竹的生长物候

发笋时间	停止高生长	完成抽枝展叶	历时天数
6 月	7／下	8／下	60～80
7 月	8／中	10／上	70～90
8 月	9／下	11／中	100～120
9 月	10／中	当年部分展叶，次年4月	210～220
10 月	11／上	当年不展叶，次年4～5月	220～240

绿竹完成幼竹的抽枝展叶后，每年其秆、枝上的隐芽还会部分继续抽枝展叶，但其完成抽枝展叶的时间都在每年的4月、5月。

绿竹的抽枝展叶是从离地面的第8节左右开始的，由下而上，由底部至顶端逐渐抽枝展叶。绿竹从笋芽萌发到完成新竹枝叶生长的全

部过程,需2～8个月。

绿竹为常绿植物,每年进行部分换叶,即每年脱落部分叶片,同时长出部分新叶。大部分的叶片在冬季脱落,春季长出,也有部分叶片在其他季节脱落。绿竹叶片在进入秋末后逐渐变为淡黄色,成淡黄色的叶片来年春季有的会逐渐转绿,有的则在冬季继续变黄,直至脱落。

绿竹竹秆每节的芽是由一个肥大主芽和若干副芽组成的,由于在萌发之前由一个鳞片包裹,因此从外表看为一个芽。主芽和副芽并非一字排列,而是簇状排列。主芽发育完全,萌发后生长成为竹秆各节的主枝;副芽比较弱小,依次分布在主芽周围,发育较主芽迟,在主芽抽枝后,也陆续萌发,形成竹节上的副主枝或簇状丛生的侧枝(小枝)(图4-21)。

图 4-21　主枝、副主枝及侧枝

绿竹秆节上的芽很多,在第一次抽枝后,尚有部分处于休眠状态,以后陆续萌发,可持续数年之久。枝下各秆节的芽(包括主芽和副芽),在一定条件下也能萌发抽枝。因此,可利用秆节上的芽,进行埋秆育苗。

绿竹主枝和副主枝的形态与竹秆形态相似,基部隆起,似秆基,外裹枝箨,实心,没有空洞,由10个左右的特短节组成,上面有1～4个明显的芽。当消除顶端优势时,枝基节的芽可萌发抽生成一级次生枝。一级次生枝与主枝、副主枝一样,一定条件下又可继续抽生出二级次生枝,由此可见,枝条基部有很强的分蘖能力。因此,称枝条的基部为分蘖节。分蘖节上还有根点,在一定条件下发展成根系。在竹林培育上,人们就是利用枝条的这些特性进行扦插繁殖育苗的。

4.3.4　影响幼竹生长的主要因素

如同散生竹及其他丛生竹一样,绿竹笋的生长随温度、相对湿度和降雨量的增加而增加,下降而下降,相对湿度和降雨量的影响尤为显著。绿竹夏、秋出笋,晴天日间高温干燥,竹子的蒸腾作用和林地的蒸发作用大,减小了竹笋-幼竹体内充水膨胀,居间分生组织的分裂伸长活动受到影响,从而影响竹笋-幼竹的高生长。夜间大气温度适当下降,湿度相应增加,分生组织分裂加快。因此,竹笋-幼竹的夜间生长量常常大于其白天的生长量。绿竹昼夜生长量大约相差1.7倍。但在持续降雨后,竹笋-幼竹的白天生长和夜间生长速度大体是一样的,即使温度有所降低(图4-22)。

丛生竹不像散生竹那样具有强大的鞭根系统,而是竹秆稠密丛生,竹根重叠集中。丛生竹的这种形态结构,使其对营养物质的吸收、合成和贮存都有一定的局限性。绿竹从笋芽萌发到成竹所消耗的养分,主要依靠其连生的母竹来供给。因此,一株有6～7个笋芽的绿竹,一般只有1～2个能成竹,其余的都因营养不足而萎缩死亡。由此可见,引起丛生竹的竹笋败退和竹笋-幼竹生长缓慢的主要原因,并非由于气候、土壤的影响,而是由于养分来源不足,所以,肥料是影响绿竹产量的重要因素。

图4-22　幼竹生长

4.4　器官营养元素含量

叶晶等人采集不同年龄绿竹叶、枝、秆等样品,分析氮(N)、磷(P)、钾(K)等9种营养元素在干物质中的质量分数,结果表明绿竹各器官中,总营养元素质量分数大小是:叶>枝>秆。各种元素中,氮的质量分数均最高,铜含量分数均最低。绿竹地上部营养元素积累量为621.07 kg/hm²,大小顺序为秆、叶、枝(344.04 kg/hm²>158.81 kg/hm²>

118.22 kg/hm²），营养元素的积累量大小顺序为氮＞钾＞磷＞镁＞钙＞铁＞锰＞锌＞铜，积累量最多的是氮354.28 kg/hm²，占地上部积累量的57.04%，生产1.0 t干物质所需5种主要营养元素（氮、磷、钾、钙、镁）为12.92 kg，其中氮素占58.0%（表4-8）。因此，在生产中适当增施氮肥，可以促进绿竹的生长。

表4-8　绿竹器官营养元素含量

器官	生物量 / (t·hm⁻²)	营养元素积累量 / (kg·hm⁻²)									
		氮	磷	钾	钙	镁	铁	锰	锌	铜	合计
叶	4.64	110.41	6.20	17.95	11.66	8.48	1.59	2.39	0.10	0.03	158.81
枝	9.71	65.83	5.98	34.82	4.05	4.55	1.62	1.17	0.16	0.04	118.22
秆	32.94	178.04	18.01	127.88	6.76	10.46	1.51	1.08	0.21	0.09	344.04
小计	47.29	354.28	30.19	180.65	22.47	23.49	4.72	4.64	0.47	0.16	621.07

注：参叶晶等。

4.5　群体的发展

绿竹与其他丛生竹一样，是由短缩的地下茎组成相互联系的整体。一丛绿竹最初都源于一竹一芽，以后逐渐繁殖发展，形成由几株至几十株组成的具有相互联系的群体。绿竹的一个群体结构可以简单地看成散生竹中的一个鞭系统。绿竹生长在五、六年后，其群体（丛）的部分地下老茎死亡，原来彼此联系的一个系统群体分成若干个小群体，每个小群体随着时间的推移，又可分成新的小群体（图4-23）。

图 4-23　地下部

4.6 生殖现象

竹子开花是一种生理现象，是生理成熟、衰老的象征，其机理较为复杂。绿竹开花是绿竹从营养生长转变为生殖生长的生理现象（图4-24）。竹子开花后一般陆续死亡，这一方面是由于植株的养分消耗殆尽导致死亡，另一方面是由于竹叶脱落，竹子失去水分上升输导的动力，处于生理脱水状态导致死亡。

图 4-24　花期植株

绿竹为丛生竹，绿竹林成片开花较少，开花一般多以丛为单位，有的甚至仅在丛内的部分植株开花，别的植株仍继续其营养生长。开花后的绿竹有的死亡，有的可以恢复营养生长，即抽枝展叶（图4-25和图4-26）。

图 4-25　生殖生长与营养生长

竹子即将开花时会出现反常现象，如出笋量减少或不出笋，叶变黄脱落，生长出比正常叶小的新叶，竹株体内的碳氮比显著提高等，这些现象的出现，预示着竹子即将开花。

绿竹开花通常初期零星出现，如发生在个别植株上或植株上的个别枝条上，随即逐渐蔓延至全竹株、全丛，最后完成开花的全过程。

绿竹完成开花过程约需3年时间，不同的环境开花的持续时间有

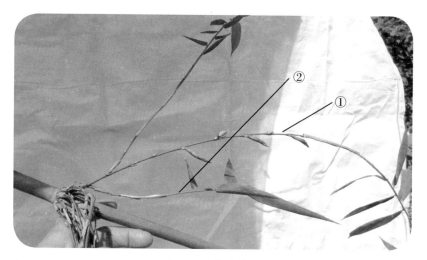

图 4-26 抽枝展叶

1—花枝；2—营养枝

所变化。竹子开花的时长即周期尚无发现规律，有的到了性成熟阶段也不一定开花，有的第一年就开花。外界环境和人为影响会起推迟或促进作用，一般立地条件好的不易开花，立地条件差的易开花。当气候干旱或土壤贫瘠、板结，或人为破坏时，营养生长受到抑制，会促进性细胞的分化，加速花芽的形成；相反，在潮湿肥沃的土壤条件下，竹子的营养生长处于主导地位，可抑制生殖生长的发展，推迟成熟衰老阶段的到来，从而延迟竹子开花现象的出现。

根据竹子的开花规律，可以采取人为措施，抑制或推迟竹子的开花。其主要措施是对未开花的竹林加强抚育管理，改善水肥条件，防治病虫害等，以促进其营养生长，推迟竹林或竹丛的衰老过程。对已开花的绿竹，要及时砍去，以减少竹蔸的营养消耗。

绿竹花序为假花序，花序由着生于枝条（花枝）各节的小穗组成。小穗由枝条上的腋芽分化而成，各节上的小穗呈簇生或单生状。小穗呈橄榄形，体圆或两侧略扁，先端尖锐，长15～28 mm，直径5～10 mm；小穗柄短缩，1～3 mm。每一小穗基部着生苞片（颖片）3～5片，小穗由6～10朵小花组成。

参考文献

［1］陈双林，杨清平，陈长远，等.绿竹笋用林林分结构与经济性状关系研究[J].四川农业大学学报，2005，23（01）：75-79.

［2］高瑞龙，林忠平，王杰铃.绿竹笋及幼竹的生长动态［J］.亚热带植物通讯，2000，29（02）：27-30.

［3］金川，王月英，董孔竹，等.绿竹丰产因子测试及配套技术研究[J].浙江林业科技，1992，12（05）：9-16.

［4］林益明，林鹏.绿竹*Dendrocalamopsis oldhami*林的几种营养元素含量特征及其动态[J].武夷科学，1998，14（01）：229-233.

［5］潘孝政，金芳义.绿竹笋期生物学特性观察研究［J］.竹子研究汇刊，1990，9（03）：51-60.

［6］邱尔发，陈卓梅，洪伟，等.山地麻竹林生态系统养分分配格局[J].生态学报，2004，24（12）：2693-2699.

［7］叶晶，陶立华，柯和佳，等.绿竹地上部营养元素的吸收、积累和分配特性[J].浙江农林大学学报，2015，32（04）：545-550.

［8］郑金宝，朱勇.绿竹移竹苑苗造林与插枝苗造林比较试验[J].福建林业科技，1999（03）：70-72.

［9］郑蓉.产地绿竹笋品质及土壤养分的主成分与典型相关分析［J］.浙江农林大学学报，2012，29（05）：710-714.

［10］朱勇.气象因子与绿竹笋产量和质量的相关分析［J］.西南林业大学学报，2015，35（02）：79-83.

［11］朱勇，郑清芳，阮传成.几种高产优质笋用竹引种栽培试验研究[D].三明：尤溪县林业局，1994.

第 5 章　绿竹造林

　　带秆移竹蔸造林是目前生产中最常用的造林方法，插枝育苗成本低、繁殖量大、成林速度快，是很好的育苗方法。造林的流程是：林地选择→林地准备→苗木准备→造林→幼林管护。林地选择、林地垦覆、种植方法是造林成功的关键技术。

5.1　苗木准备

5.1.1　概　述

　　造林是发展绿竹的必要阶段，绿竹的造林过程主要是苗木的培育（或挖取）和造林过程。绿竹造林所需要的苗木通过3种方式获得：无性繁殖、有性繁殖和组培。无性繁殖的方法有带秆移竹蔸法、埋秆节育苗法、插枝育苗法等，利用绿竹的竹蔸进行的育苗叫移竹蔸育苗，利用竹秆进行的育苗叫埋秆育苗，利用枝条进行的育苗叫插枝育苗。

　　在目前生产中最常用的造林方法是无性繁殖的带秆移竹蔸造林和插枝育苗造林两种。绿竹造林可直接挖取母竹移至造林地进行造林，这种以植株基部竹秆及其竹蔸为苗源，进行造林的方法叫带秆移竹蔸造林。利用枝条扦插育苗后进行造林的方法叫插枝育苗造林。绿竹造林除了带秆移竹蔸造林外，其他利用秆、枝、种子繁殖的方法，都要经过苗木的专门培育阶段，而不能直接在造林地上进行种植。不同的苗木繁殖方法，各有其优缺点（表5-1）。

表5-1 苗木不同繁殖方法比较

名　称	利用部位	原　理	优　点	缺　点	采用情况
带秆竹蔸苗	秆、蔸	挖取竹蔸，分株移植	直接种植，发笋率高，成林较快	母竹挖掘难，苗源有限	常用
埋秆节育苗	秆	节上的芽萌发新植株，节长出根系	繁殖量较大	育苗较麻烦	较少用
插枝育苗	枝	枝蔸上的芽长出新植株，枝蔸长出新根	繁殖量大，易操作，成本低		常用
种子育苗	果	利用种子进行有性繁殖	繁殖量大，成本低	较难，技术尚未完尚	少用

　　无性繁殖是利用植株的营养器官所进行的繁殖，也叫营养繁殖。绿竹的无性繁殖育苗就是利用绿竹的竹蔸、竹秆、竹枝上的隐芽、根点（图5-1）进行无性繁殖的。绿竹与其他丛生竹一样在竹蔸、竹秆、枝条的节上含有一个或数个隐芽（图5-2），在通常情况下，隐芽处于休眠状态，没有发育生长，当外界环境发生改变，并达到一定的条件时，这些隐芽开始生根、发芽，长成独立的植株。绿竹枝条的基部（与秆的交接处，图5-3）分布着许多根点，一年生绿竹蔸同样分布着许多根点。

　　利用绿竹的营养器官进行的繁殖最好在植株的隐芽尚未萌发、枝

图 5-1　秆隐芽、根点

图 5-2　秆隐芽

叶尚未抽生之前进行。绿竹是常绿植物，虽然没有明显的休眠状态，但在冬季，日均气温大约低于18 ℃，生理活动基本处于停止状态。绿竹无性繁殖育苗最好在初春时期进行，这个时期绿竹经过秋冬季的同化作用，体内营养积累较丰富，也未因为新的枝叶生长消耗体内的养分。具体时间是：在南部地区以2月中旬—3月中旬；北

图 5-3　枝条基部

部地区为3月下旬—4月上旬。过早过迟育苗都不好，过早因气温低，绿竹尚处于休眠状态，隐芽未能萌发，而且竹秆、枝条埋地过久容易造成芽眼腐烂，发笋率和成活率都会低；过迟因新抽生的枝叶消耗了部分营养也不利于隐芽的生根发芽，或虽然容易发芽生长，但生根较难，如此造成发笋率高但成活率低的现象。

移竹蔸造林可带竹秆（图5-4）亦可不带竹秆两种。带竹秆的竹蔸移植后，竹秆上会很快长出枝叶；不带竹秆只移栽竹蔸，运输更加方便，但因削去了竹秆，种植后竹蔸的代谢会受到较大的影响，其生活力就不如带秆移植的竹蔸。采用不带秆移竹蔸造林最好先在造林地周围

图 5-4　预留的带秆竹蔸苗

假植催芽，待其发根长新竹后的第二年再栽种。

5.1.2　带秆竹蔸苗

从现有竹丛中分离出母竹及其竹蔸，留3个以上竹节的竹秆，这种由竹蔸、竹秆组成的苗木叫带秆竹蔸苗（图5-5～图5-7）。带秆竹蔸苗可以直接用于造林种植，亦可以通过苗床培育一年后再挖取种植，

目前生产中大多直接用于造林种植。这种无须经过育苗过程，直接从现有绿竹林中挖取竹蔸苗种植造林的方法叫带秆移竹蔸法造林，简称移竹蔸造林。

图 5-5　带秆竹蔸苗

图 5-6　一年生带秆竹蔸苗

图 5-7　捆扎好的带秆竹蔸苗

带秆竹蔸苗可以通过苗圃培育后再用于造林，以提高造林的成活率、发笋率，但由于通过苗圃培育后竹秆有了枝叶，竹蔸有了根系，增加了运输难度，同时增加了育苗、管理、启苗等的成本，因此，目前生产中很少使用该种方法。

由于带秆移竹蔸造林都是利用竹蔸现有的笋芽、根系进行繁殖的，因而具有繁殖快、成功率高的优点，是一种普遍使用的绿竹造林方法。不过移竹蔸造林虽无须经过育苗阶段，但挖取母竹有一定难度，花工较大，且对被挖取的母竹丛有一定的损伤，种植后若不能成活，则会造成相对较大的浪费。因此，在采用移竹蔸造林方法时，应注意选择优良母竹并掌握正确的母竹挖掘方法，以提高其成功率。

带秆竹蔸苗因无须经过育苗阶段而显简易，因具有秆、芽、根而显稳健，还因没有枝叶而显方便，从而倍受造林者的喜爱。

1. 母竹的选择

选择做母竹的竹蔸最好是一年生的竹株，这样的竹蔸栽植后容易成活，且发笋力强，成林快；若一年生的植株不足，则可选用部分二年生植株（图5-8）；三年生及三年生以上的竹株则不宜选用。

图 5-8　二年生带秆竹蔸苗

从不同年龄母竹造林结果的差异比较（表5-2）可以看出，选用一年生的植株做母竹的造林成活率最高、发笋率最大。选用二年生的植株做母竹的造林成活率、发笋率已大大下降，具体表现为母竹出笋数较少，成林速度较慢。这是因为选用二年生的竹株做母竹时，由于其部分笋芽已发过笋，笋芽的数量减少。同时，二年生的植株笋芽的生活力、萌发力不如一年生的植株。用三年生及三年生以上的竹株做母竹来造林，则成活率低，即使成活了一般也不能发笋，所以不宜用作苗木。

表5-2　不同年龄母竹的造林结果差异

年　　龄	调查数 / 株	成活数 / 株	母竹发笋数 / 株	成活率 /%	发笋率 /%
一年生	123	105	96	85.4	91.4
二年生	90	49	22	54.4	44.9
三年生	65	14	2	21.5	14.3

从绿竹的生物学特性可以了解到，母竹秆的粗度对造林成活率及发笋率影响不大。所以，挖掘做母竹的竹秆直径不宜过大，否则会造成搬运不方便及竹材的浪费，同时会增加挖掘难度；但也不宜过小，否则生活力差，所发笋直径较小。一般选做母竹的竹株秆的直径（基部第一节间）以2.5～5.0 cm为宜。

2.母竹挖掘

母竹选好后即可挖掘（图5-9）。在离母竹25～30 cm的外围扒开土壤，由远到近，逐渐深挖。注意不要损伤秆基、芽眼，根系要尽量保留，多带母土是保护根系和笋芽的方法之一。寻找母竹秆柄与老竹秆基的连接点，用采笋刀、斧头或山锄切断，注意不要撕裂秆柄。全株挖起后，一般掌握在地上的第3～5个节间（离基部约60～10 cm处）的中段斜行切断（图5-10），切口呈马蹄形。运输时，造林地如较近，可不必包扎（图5-11），如需远距离运输，竹蔸部位最好用稻草或草袋包扎，以免运输过程中损伤笋芽。

图 5-9　挖掘

图 5-10　劈断

图 5-11　苗木装车

5.1.3　插枝育苗

绿竹的竹秆每节都有一主枝，在主枝的两侧有2～4个较粗壮的侧枝，称副主枝。主枝与副主枝成簇生长，其节都有隐芽，隐芽可萌发抽枝，基部又可生不定根。插枝育苗就是利用这一特性进行扦插育苗的。带秆移竹蔸法造林，种苗资源有限，挖掘母竹难度较大，而且易伤害其他母竹，有时容易造成竹材浪费。利用竹枝育苗，取材容易，繁殖量大，又不影响原绿竹丛的产量，同时繁殖种植后成林速度也很快，因此目前很受人们的欢迎。

技术路线:选择育苗季节→苗床准备→插枝采集→插枝育苗→幼苗管护→出圃。

1. 插枝育苗时间

竹枝育苗在春、夏、秋3季均可,但以3月、4月最为适宜。春季气温开始回升,植株开始生长,但地下笋尚未萌发,养分积累丰富,这个时候育苗会先长根后抽芽,成活率高;但也不宜过早,否则因气温低,苗木发根慢,会使管护时间延长,同时易造成烂根现象。夏、秋季气温高,地下已出笋长竹,养分被大量消耗,枝条扦插后本身呼吸消耗也较大,这样的插枝易在发根前先萌发抽枝,形成假活状态,待枝条养分消耗殆尽即死亡。同时夏、秋季的蒸发量大,母竹易失水干枯,故在夏、秋季扦插育苗,成活率较低。

2. 竹枝的选择

如何选择枝条作为插条是插枝育苗的主要环节。插枝育苗可用主枝育苗,也可用副主枝育苗。选择枝条一定要注意质量,特别是以副主枝作为苗源时。好的枝条多在二年、三年生的母竹上,尤其是竹秆的中下部、阳面。

用作育苗的枝条要求:①枝条粗壮,节短,基部直径大于0.8 cm;②枝节上的芽肥大饱满,处于即将萌动状态;③枝苞有根点露出;④枝秆木质化,枝色深绿或略带浅黄(图5-12)。

图 5-12　插枝来源

取枝时应用利刃先在枝条的基部下方处轻砍一刀（图5-13），然后紧贴母竹往下切取，许多枝条可以用手直接拗，手拗的断面通常也很整齐，也不至于撕裂竹壁。不论是刀劈还是手拗，注意不要砍伤或撕裂枝条，以保证枝条的完整性。

切下枝条后在第三节上3～5 cm处劈断，最上节保留3～5片叶，也可不保留；剪去主枝下面的侧枝，过于细弱和过老过嫩的次生枝也剪去；宿存的枝箨可以剥去，露出芽眼（图5-14和图5-15）。把切好的枝段放入清水中或放在阴凉地方淋水

图 5-13　插枝采集

保湿。为了保证扦插后有更高的成活率，将枝蔸用50～100 mg/L萘乙酸处理12 h，或在扦插时枝蔸沾些生根粉，以提高扦插成活率。

图 5-14　插枝 1

图 5-15　插枝 2

3. 圃地准备

育苗圃地的土壤最好为肥沃湿润、便于排灌的沙壤土、壤土。圃地在整地前最好能用石灰或硫酸亚铁进行土壤消毒，并用牛粪、猪粪拌过磷酸钙作基肥。整后的苗床，高25 cm，宽1.0～1.5 cm，这样的苗床育苗，成活率高，苗木生长快。

4. 插枝方法

插枝育苗较容易，但是如果没有掌握好技术也会造成育苗失败。

插枝育苗的具体操作方法是：先在苗床上开15 cm深的小沟,采用斜埋插法将剪好的枝条按株间距15～20 cm、倾斜度15°～45°排放于小沟内,保持插条入土深度1/3～1/2（以露出第二节为准,枝条的第一节可以埋入土中,覆土填实）。再开小沟时,沟距需25～30 cm,然后重复以上方法,最后浇定根水,并用稻草覆盖或加一层松土,以减少水分的蒸发。

枝条扦插育苗不宜太密,否则不易管理,一般每平方米可插16～26根枝条（未扣除排水沟等）,每亩可插8 000～10 000根插条（图5-16）。

图5-16　插枝育苗圃地

绿竹育苗也可以用次生枝育苗,其苗源更广。但首先要在育苗的前一年把母竹顶梢削去,使之失去顶端优势;也要部分剪去主枝,并将母竹秆基的芽目剥去,使之不能发笋长竹,以保证有充足的营养培养又多又壮的优质次生枝。用次生枝扦插育苗与主枝扦插育苗方法相同。

陈武彬等用ABT1号、ABT2号、2,4-D等3种生长调节剂对绿竹扦插条进行2 h,4 h,8 h的浸泡处理试验,观察扦插苗的生长情况。试验结果表明,生长调节剂和浸泡时间两因素之间的互作效应均未达到显著水平。两因素的组合处理中,以ABT1号浸泡4 h为最佳。3种生长调节剂中,ABT1号、ABT2号的作用优于2,4-D。

5. 插枝育苗的管理

扦插后要搭棚遮荫，棚不要太密，要适当透光。遇连日阴雨，要注意排水；遇干旱天气要注意浇水。长出新根后（20～30 d），要施一次稀薄的氮肥或人粪尿，之后根据其生长情况决定施肥次数。

扦插的枝条一般是先长根，后抽枝展叶，但不是待根系完全发育后再抽枝展叶的（图5-17）。根系由枝箨（分蘖节）上长出，当枝箨受到破坏或腐烂时，就由枝条入土的底部一节发根，此节上的芽成为笋芽。苗木的枝叶是从枝条的最顶端一节抽发，如果枝条有两个节露出土面，那么另一节也可能抽发枝叶。插枝育苗在度过夏季后才能判断是否真正成活，因为根系发育不好或假活状态的苗，在最初时是不易辨认的（图5-18和图5-19）。插枝育苗一般成活率都比较高，可达

图 5-17　生长初期

图 5-18　圃地生长情况

图 5-19　捆扎的插枝苗

80%以上；生长也很快，一般3个月即可成苗，一年可长出3～5个新竹（图5-20）。对长有多个新竹的苗，第二年出土时可将其分成几株进行种植。

采用竹枝育苗进行绿竹造林是一种值得提倡的方法。它具有投资小，技术难度不大，操作简单易行，育苗速度快，起苗、运输方便，造林成活率高等优点；竹枝育苗还可以利用其分蘖苗再扩大育苗，因此这种造林方法不仅投资小且成效大，特别

图 5-20　生长后期

是在母竹资源紧张的地方,采用这种方法意义更大。

5.1.4 埋秆育苗

绿竹秆节上的部分副芽及各节枝条分蘖节上的芽,在通常情况下处于休眠状态,称为隐芽;但在一定的环境条件下,或采用适当的措施可以促使隐芽萌发,长成新的植株。绿竹秆的节环可生不定根,分蘖节上也可生不定根。埋秆育苗就是利用秆上的隐芽或枝条分蘖节上的隐芽,促使萌发成新的植株的一种育苗繁殖方法。利用此法繁殖竹苗,可提高繁苗率,在母竹资源缺乏的地方可以采用。

埋秆育苗必须在养分积累丰富、芽眼尚未萌发,竹液开始流动时进行,以2月下旬—3月下旬为宜,偏北地方也可在4月上旬,过早或过迟都不好。过早,气温低,根、芽不萌发,埋地过久,造成牙眼和竹秆腐烂,从而降低发笋率和成活率;过迟,隐芽萌动,消耗养分,长根较难,萌发的新苗缺乏相应的根系吸收水分和养分,新苗也会陆续死亡,造成发笋率高和而成苗率低的现象。

埋秆育苗的方法有埋节育苗和压条埋秆育苗两种。

1. 埋节育苗

埋节育苗法是选一年生或二年生母竹,砍断后,除留下主枝的一个节,其他枝条、竹梢削去(图5-21),接着用利刃劈成单节段或双节段,一般竹下部劈成单节段,上部劈成双节段,上下切口成反向马蹄形。苗圃按行距30～40 cm开沟,株距20 cm左右,节段斜放在沟壁斜面上,切口向上,上切口可灌入泥浆,侧芽分布两侧。放好后覆土,覆土时土要盖上枝芽,只露切口,然后压实、淋水。3月、4月育苗,入夏可长根发芽,来年春季即可移出造林。

图 5-21 劈好秆节

2. 压条埋秆育苗

压条埋秆育苗法要在平坦的竹林中进行。育苗时选定一年生或二年生母竹,从母竹基部开始挖一水平直线沟,沟深15～20 cm,沟内整成细土，施少量基肥。接着在母竹基部外侧砍一个深2/3的缺口，以便压倒母竹。然后剪去顶梢和侧枝，注意留下枝蔸和最后一节枝叶，再在各节间中部用小锯轻锯一切口。最后将母竹压入沟内，覆土、踏实、淋水并覆盖稻草保湿，约3个月后就可生根长苗，来年春季即可挖起，锯断竹节，成为许多独立的竹苗，供造林使用。用这种方法育苗，因秆与母体尚有部分联系，竹秆代谢情况较好，所以成活率较高；但由于操作较麻烦，因此生产中很少使用。

5.1.5　种子育苗、组培育苗

1.种子育苗

有性繁殖育苗是通过绿竹的种子进行育苗的，用绿竹的种子培育出的苗木叫实生苗。由于绿竹的种子难以采集，且种子发芽率低，因此目前生产中极少采用种子育苗。

绿竹开花（图5-22）周期比毛竹短，相对其他竹种来说开花还是较常见的，可以利用种子培养实生苗或利用其种子直播造林。一般直播造林比较费工，管理也不便，竹子小苗与禾本科杂草难以区别，抚育时容易将竹苗锄去，因此以在苗圃育苗后再移到造林地造林为宜。

绿竹开花期通常在11月至翌年2—3月，果实成熟期为4—6月，但也有提前或推后的。绿竹结实率很低，经常十花九不实，这是因为绿竹小花的雌蕊受到外释的干扰不易授粉而难以受精发育，所以采收果实颇不容易，种子发芽率也不高，而且，小花很容易受到

图5-22　开花结实的植株

昆虫的侵扰，较难形成成熟的种子。一般从种子播种到胚竹形成，要50 ～ 60 d，接着开始分蘖。第一次分蘖竹比胚竹稍高，以后分蘖一次比一次增高增粗。每一胚竹分蘖少者2 ～ 4株，多者15株。胚竹大约在白露前后死亡，第一次分蘖竹较细弱的也会自然干枯死亡，较粗的分蘖竹安全越冬，翌年清明前后可以进行分株移植，苗圃继续培养一年就可分离分生苗进行造林。

绿竹采用实生苗造林目前尚无成熟的经验，很多生长规律没有完全掌握，但通过有性繁殖的后代，竹林寿命长，生活力可能逐渐提高，因此有进一步研究的必要。

2. 绿竹的组培

组织培养育苗是利用绿竹秆、枝上胚芽的分生组织等进行组织培养所获得的苗木。

5.2　造林技术

5.2.1　林地选择

对没有绿竹栽培历史的地方，要发展绿竹，就必须根据绿竹的生物学特性(见绿竹的生长规律)，研究、对照当地的自然条件是否适宜绿竹的生长。气候相近或相邻地区已有栽培历史的地方，发展绿竹的步伐可以稍微快些；在没有绿竹栽培历史的地方，最好在进行引种试验并通过小试、中试阶段后，再决定是否大量引种栽培，小试时间应5年以上，中试时间应10年以上。对园林绿化上的少量应用也应该进行咨询了解工作，以防经济损失。

纬度、海拔是影响气温的重要因素，也是影响绿竹生长的主要因子。考察当地气象因子时，除了年均气温、一月均温等以外，还应考察最低温度，降温速度等情况。绿竹性喜温暖湿润，不耐严寒，在冬季霜冻少，低温时间短的条件下方可越冬，发展绿竹时必须予以注意。

发展绿竹在进行大区域、大气候选择的基础上，还要注意地形、小气候的选择，特别是处于绿竹分布带北缘的地方。绿竹分布带的北缘发展绿竹的主要限制因子是1月低温，有的仅因为部分年份会遭受特强寒潮的破坏而受限制。不过，良好的地形往往又会保护绿竹免遭寒潮侵袭。此外，地形还会影响到光照、空气湿度、土壤水分等，进而影响绿竹的生长情况。因此小气候、地形的选择也是十分重要的。选择地形时，以坡向朝南，空气流动性好，冷空气不易沉积的地形最佳；但不宜选择在山顶、山坡上部等海拔较高的地方。

从绿竹的垂直分布看，一般在海拔较低的地带（自然分布大多在300 m以下）。所以，造林地最好选择在海拔300 m以下的地方。气温较高的南亚热带、热带地区，绿竹种植的海拔可以高些（图5-23和图5-24）。

绿竹林地选择的首要因子是土壤疏松（图5-25），在绿竹产区江河两岸的冲积土上的绿竹都生长茂盛，其重要原因就是土壤疏松。除此之外，土层深厚、土壤肥沃、富含腐殖质、水分含量高等特性也是不可或缺的；干燥瘠薄、石砾多或过于黏重的土壤不适宜入选。在绿竹产区尤溪县，由于多山，许多绿竹种植在山地的红壤中，这些林地虽然土层深厚，但疏松度不够，种植后往往需要用较多的工时去改善土质的疏松度。土壤的水分、养份也是影响绿竹生长的主要因素，选择林地时，要注意兼顾（图5-26）。

图 5-23　闽中山地造林

图 5-24　河岸造林

福建的中东部从20世纪80年代开始在山地发展绿竹，

从现有情况看，长势良好，这样的结果对地形以山地为主的地方，推广绿竹的山地栽培具有较大的借鉴意义。

山地发展绿竹最好选择山谷地带，因为山谷地带的土壤多为沉积土，土质疏松、肥沃、湿润，发展绿竹较理想。此外，靠近田边的山脚地带发展绿竹也较好。现也有不少农户在山坡地带发展绿竹，从其生长情况看，长势虽不如溪河两岸等地，但产量和经营效益都不错(图5-27)。

山坡地发展绿竹，虽然土质、水肥条件较差，但树冠位于不同的层次空间，空间利用率高，光照通气较好。山坡地带发展绿竹最好选择坡中、下部较湿润的地带为好；种植密度相对较小，一般为3 m×3 m，甚至3.0 m×2.5 m；但丛立竹数要少些，每丛4～6株。坡地发展绿竹应该挖大穴，以改变局部的土壤状况，随着绿竹的发展，以后逐年扩穴。

沿海滩涂种植绿竹，选择

图5-25　沙洲造林

图5-26　水田造林

图5-27　厂区造林

含盐量较低的岸边种植。绿竹具有较好的耐盐、抗风性能，与木麻黄、湿地松等防护林相比具有成林快、植株高大、竹丛茂密、根系发达、再生能力强、综合防护效能好的特点。

5.2.2 林地的准备

竹苗运到造林地要及时栽植，尽量缩短竹苗入土时间。在调苗前准备好林地是缩短时间的关键，造林地准备包括清理林地、整地、挖穴等（图5-28）。

在山地土壤或土质较硬的地方种植绿竹最好先用大型机械（如钩机）进行

图5-28　林地准备

山地的全垦或带垦，带垦深度30～50 cm。用大型机械全面垦复造山地对疏松土壤有很大的好处，不仅可以把表层的杂草翻入土壤内，而且可以把难以人工挖除的树头、石头去除，因此造林应该推广应用山地造林前的机械全面垦复。机械全面垦复山地一次性投资较高，但综合投资并未大量增加，甚至综合投资比人工更小，这是因为机械垦复可以减少或不要林地清理，减少幼林期的抚育成本，提早成林时间1～3年。

绿竹的栽植密度一般每公顷为600～800株，株行距为3 m×3 m或3 m×4 m；穴的规格为80 cm×60 cm×60 cm，穴越大越好，全面垦复的林地可以不必挖种植穴。种植穴排列方法可以是平行排列，也可以是梅花形排列，平行排列对以后管理更加方便，梅花形排列对将来竹林的空间利用更好（图5-29）。挖穴时表土与底土分两侧放置，以便于种植时回表土，在土质疏松、肥沃的地方可以不要预先挖穴。

栽植穴最好施基肥。

图5-29　竹苑苗种后情况

绿竹造林后一个月左右开始抽枝长根，初造的绿竹林由于根系脆弱，施肥较困难，造林前施基肥可以很好地解决这个问题。基肥以腐熟的农家肥为好，施下后要与填底的表土拌和。施基肥在种植前1～3周进行。

5.2.3　造林季节

绿竹一般都在3—4月长叶，恢复每年的生长活动；6—10月间出笋长竹。幼竹的生长，在福建的中、南部可延至11月的中下旬，以后进入休眠。由于绿竹大多采用移竹蔸造林或用无性苗造林，因此在生理活动最弱的1—3月休眠期进行造林最佳，也就是说一般掌握在秆基笋目即将萌动前进行造林。易发生冻害的地方，造林时间应选择在低温期过后进行。

根据群众的经验，造林选在春分至谷雨期间成活率最高。太早，气候冷且干燥，栽后地下部分较长时间不能长根，地上部分蒸腾散失水分过多，不利成活；太迟，秆基部芽目已萌动长笋，移植时容易损伤笋芽，且生理活动旺盛，已消耗部分营养，气温高，水分蒸发量大，不利成活。掌握好季节进行造林不仅可提高成活率，且当年出笋，2年或3年即可成林。

选择阴天或雨后进行造林为好。母竹应随挖随栽，运输也应即时（图5-30），不可久置或风吹日晒。长途运输、不能即时栽植的苗木要适当喷水保湿。如果在其他季节造林，更要注意管理，如浇水、遮阴，否则成活率就得不到保证。

图5-30　苗木搬运

5.2.4　造林方法

1. 带秆移竹蔸造林

带秆移竹蔸造林的技术要点如下（图5-31和图5-32），造林后15～30 d抽枝长叶（图5-33和图5-34）。

（1）栽植时应注意不要将竹秆直立放置于穴中，以免造成笋芽上下重叠，由此带来该芽长成的新竹拥挤密集，而应将竹秆正面斜放，这样还能使竹根的根系自然舒展，有利于成活(图5-31)。

图 5-31　栽植

（2）要让秆基两列芽眼呈水平分布，这样放置对之后长成的新竹的距离可以增加一些。

（3）不能反面斜放竹蔸——竹蔸向下弯曲，以免造成根系不能自然舒展，从而影响其生长。

图 5-32　造林初期

（4）母竹斜放穴后，其秆的马蹄形切口向上，以便接存雨水。

（5）连续天晴的天气种植时，最好在切口节灌水，并用塑料布包扎，减缓水分的蒸发。栽植

图 5-33　抽枝长叶

图 5-34　生长初期

时,切口也可以用泥浆灌入,以防止竹秆散失水分而干枯。

（6）用黄泥浆沾蔸后种植,有利于对竹蔸根点的保护。

（7）在沾蔸用的泥浆中加入少量的生根粉、磷酸二氢钾（KH_2PO_4）等生长调节剂会促进根点的生长,在切口用的泥浆中拌入少量的磷酸二氢钾可起到根外施肥的作用。

（8）母竹放好后即回土、踏实,回土、踏实一定要分层进行,否则很难保证竹蔸根系内的空间充分填实打紧,回土用表土最好。

（9）回土应超过母竹原入土处 5 ～ 15 cm,上部要堆成馒头形,最后加盖一层松土或草,起保湿作用,以减少土壤的水分蒸发。

2. 插枝育苗造林

采用插枝育苗造林或埋秆节育苗造林时, 首先要挖取苗木（图 5-35）。挖取苗木可选择在雨天之后进行,也可以事先对圃地进行一定时间的灌水,这样更容易起苗, 而且可以少伤根系。起苗时要尽量多带缩土,这样有利于保护根毛,从而提高造林的成活率。运输距离较远时, 苗木的枝叶可以大部分劈去, 甚至不带枝叶进行运输、种植。

图 5-35　插枝苗生长情况

对生长较好、发展较多的竹苗（一丛内已发有几株的扦插苗）,造林时可以将其分成几株进行栽植。栽植扦插苗不要斜放,其他要求及方法与移竹蔸造林相同。

5.2.5　造林的成活率

新种的绿竹当竹秆或枝条侧芽开始萌发时,一般都表明母竹已成活,秆基也已长出新根（图5-36）,但也有可能是假活现象。例如,新种的母竹,经过较长的阴雨天气,在未长出新根时,也可能利用母竹的营养而抽生出新枝叶,这就是假活现象。假活的母竹,有的因后来秆基长出新根而成活,有的则在经过一定时间的天晴干旱的天气后,因不具备根系,不能及时补充水分而死亡（图5-37）。

图 5-36　新竹萌发

图 5-37　未成活情况

　　绿竹苗成活以后，除了个别老竹苗其基部已没有笋芽或笋芽皆为"虚目"外，一般都能萌发新笋。新造的绿竹林，在管理较好的情况下，夏至到大暑间母竹开始出笋，一根母竹一年可发2～6个笋；如果管理不当，也有当年不出笋，到第二年才出笋的；如果两年都不出笋的母竹，则应该在第二年的笋期后挖除，来年重新补植。

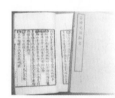

参考文献

［1］陈武彬,赖仕嶂,朱勇.生长调节剂在绿竹扦插育苗中的作用研究［J］.福建林业科技,2000,27(03):75-76.

［2］黄克福.竹林培育技术［M］.福州:福建科学技术出版社,1992.

［3］王月英,金川.丛生竹培育与利用［M］.北京:中国林业出版社,2012.

［4］杨长职.绿竹侧枝扦插育苗技术的研究［J］.竹子研究汇刊,1994,13(03):44-48.

［5］余学军,林德芳,吴寿国,等.绿竹快速育苗技术比较［J］.浙江林学院学报,2005,22(02):235-237.

［6］朱勇.山地绿竹造林施用基肥试验初报［J］.福建林业科技,2000,27(03):81-83.

第6章　绿竹林管理

绿竹的幼林管理内容主要有除草松土、母竹留养、水肥管理、幼林保护和间作套种。绿竹的成林管理主要内容有竹林结构调整、施肥、扒土晒目、培土和灌溉等。

6.1　幼林管理

绿竹造林后，要经过2～4年的繁殖发展阶段才能形成足够的营养体和林分结构，然后才能产出竹笋和竹材，这就是绿竹的幼林阶段。幼林阶段抚育管理的好坏，对提高造林的成活率，加快成林速度，都起着重要作用。种下的绿竹，如果管理适当，母竹在第一年就会有3～6株地径①大于1.5 cm的新竹长成(图6-1)，土壤条件好的种植地甚至可以长成10株以上，地径大于2 cm的植株；第二年在每株保留2～4个新竹的情况下，还会有少量的笋产出；第三年即可成林。

图 6-1　新竹生长情况

---

① 地径：离土壤表面的第二节间。

而土壤条件差、幼林管理不当的，在母竹的成活率受到影响的同时，还会推迟1～2年甚至更长的时间产笋、成林。因此，要注重幼林的抚育管理。

绿竹的幼林抚育管理包括除草松土、母竹留养、水肥管理、幼林保护和间作套种等。

6.1.1　除草松土

新造的绿竹林内容易滋生杂草(图6-2)，因此必须进行杂草铲除。林地除草的意义是避免杂草与竹林争夺土壤养分，提高绿竹对水分、光能的利用率。松土的目的则是改善土壤的通气状况，切断土壤通向大气的毛细管，以减少土壤水分的蒸发量，增加土壤的保水能力。

图6-2　抚育前林地

新造竹林头几年竹子稀疏，林地光照充足，加上造林时整地，土壤较疏松，杂草、灌木容易滋生，而且生长旺盛，如不及时铲除，会大量消耗林地的水分和养分，直接妨碍竹子的生长。特别是一些大型杂草，如五节芒、菅茅草等生长在竹蔸周围，使母竹的根系和枝叶生长受到影响，难以发笋，或发出的笋难以成竹。所以，母竹成活后，发笋前和出笋长竹后，需各进行一次中耕除草，以避免杂草滋生，使土壤疏松，保证母竹及竹笋的良好生长。

在竹林郁闭前，每年要除草松土2次，才能有效地控制杂草的滋生。除草、松土工作最好分别安排在每年的5月一次，8月一次为好。5月杂草幼嫩，除后由于气温较高，湿度较大，极易腐烂，杂草腐烂后，可增加土壤腐殖质，改善土壤的理化性质，同时有利于土壤微生物活动，使土壤中养分充分释放，有利于竹株的生长。8月再除草一次，这个时候杂草仍生长旺盛，且大多禾本科杂草在这个时候抽穗开花，赶

在这些杂草种子成
熟前除掉杂草，可减
少杂草繁衍的种子
来源(图6-3)。

图 6-3　全面抚育

对种在较干旱、
土质较差的山坡地
的绿竹林除草，不能
简单地用锄头锄草，
否则更不利于绿竹
的生长。因为幼林
尚未郁闭，锄草使地
表处于裸露暴晒的状态，土壤蒸发失水更加严重，尤其在锄草而又没
有松土的情况下。锄草的同时除去了土壤表面的覆盖物以及疏松层，
使林地表面光滑，这样林地土壤的毛细管直接与大气相通，在暴晒的
情况下土壤水分大量蒸发，造成土壤干燥、板结，不利于绿竹的生长。
同时林地裸露容易造成水土流失。

对杂草滋生的林地，为了避免因没有除草导致杂草生长过旺，可
采用以下几种方法除草：

(1)对林地内的杂草采用劈割法除草，这样林地地表始终不会裸
露；但这种方法的缺点是除草后杂草很快恢复生长。对劈割除草的绿
竹林，秋冬季节时一定要除草松土或深翻一次。

(2)使用除草剂除草，既能除去杂草，枯死的杂草又能覆盖林地表
面，使林地不会直接裸露；但使用除草剂时，要注意除草剂种类的选择
及其使用方法，避免对绿竹产生危害。常见除草剂草甘膦若没有直接
喷洒在绿竹的叶片上是不会对绿竹造成危害的。

(3)局部锄草、覆盖和整地。对绿竹苗周围锄草(图6-4)，并利用
杂草等覆盖绿竹蔸部，或在绿竹苗周围锄草整地(图6-5)。绿竹蔸部
以外，采用劈草方法。

(4)套种作物(见间作套种部分)。

图 6-4　局部抚育

图 6-5　局部整地

6.1.2　母竹留养

在春季经过认真选苗、种植的绿竹，只要管理得当一般都能成活，并在种植当年(第一年)的夏季就开始发笋，这就需要考虑母竹新长出笋竹的留养问题。新造的绿竹林，头两年每年都要留养壮笋(一般7月、8月发的笋都比较壮)，同时，其他弱笋应割去，以集中养分供给壮笋养竹(图6-6)。

第一年，发出的新笋一般留2～4个壮笋养竹，这样植株可形成2～4个支系。

第二年，每支系即第一年长出的新竹又可发笋。由于母竹的同化作用增强，母竹养分相对较充足，故长出的笋也较大。此时，每株新竹又可留下2～4个壮笋养竹，其余的割去。这样到秋冬季，每丛就有了4～9株的新竹，形成4～9个支系。

第三年，每支系长出的新竹可再各留2～4个壮笋养竹，同时将其余的笋挖出销售，或去除。这样每丛就有了10株左右的竹株，形成强大的光合作用群体，可以合成并积累充裕的养

图 6-6　母竹留养

分提供竹笋生长,此时便可砍去原来种下的母竹。

　　绿竹造林后的第四年,每丛仍要保留2～4个的新笋养竹。此时第一年生的母竹成为三年生母竹,已经衰老,秆基的芽大多已无发笋能力,应砍去大部分竹株;但由于幼龄期的绿竹树冠较小,所以可部分保留三年生母竹以增强整体的同化作用能力,即保留三年生的母竹中健壮、高大、无病虫害的竹株,砍去断梢、有病虫害的竹株。

6.1.3　水的管理

　　新造的绿竹林,其竹苗(母竹)在挖掘、运输的过程中,根系受到损伤,种植后,吸收水分能力大大减弱,因此,对刚栽下的绿竹苗要特别注意水的管理。如遇久旱不雨,应每隔5～7 d浇水一次,有条件的地方还可以引水灌溉,以利于新造母竹的生根成活。对原来采用带秆移竹蔸造林的母竹,种植时切口节上灌的水在一段时间以后会蒸发掉,应及时再灌水,以防止竹管干枯而影响侧芽的生长发育。对顶节已萌发较长新枝,或栽植后两个月以上的植株可以不要再灌水。切口节节间最后干枯。

　　春季新造的绿竹林成活后,6月就会开始发笋长竹。发笋期间如逢雨季,一般水分不缺,若有夏旱发生,则会影响出笋,或出笋长竹后又死亡,所以还必须注意水的管理。

　　造林地若是低洼地带,林地会因排水不良而积水,造成林地土壤空气缺乏而影响竹鞭及根系的呼吸,使根系、笋芽腐烂,进而影响造林的成活率,此时林地应及时排水。

6.1.4　肥的管理

　　新造的绿竹林,其竹苗体内累积的养分少,自身的生物量也少,同化作用能力十分有限,但经过移植后既要长新根,又要长新枝叶,需要大量的养分。由于母竹能够提供发新笋以及新笋长成成竹的养分十分有限,此时如果母竹未能获得较充裕的养分,不仅会造成栽后的母竹发笋量少、个小,而且部分笋出土后不能成竹。因此,要使新造绿竹苗的个体长得更快,发笋更大,就必须提供足够的养分,而施肥就是其重要的途径。所以说，土壤的肥力管理是提早成林的一项重要措施。新栽植的绿竹第一年前期的管理十分重要，尤其对没有下基肥的造林地。

1. 施肥时间

新栽植的绿竹苗大约一个月便开始长根，长根后，母竹就基本成活，之后就开始具有吸收能力，可以开始施肥。由于浇施不会伤及植株，不要开沟而省工，肥分又均匀，同时还可补充水分，因此推荐在前两个月内浇施。浇施最好每隔7～15 d浇施稀尿水或尿素一次。但对种植在沙滩地的绿竹，由于沙滩地容易渗漏，保肥能力差，因此最好施固态肥；种在山地的绿竹林也可以施固态肥，但效果相对会差一点。新种的绿竹林在7月、9月还必须各施一次肥。第二年、第三年在春季施一次有机肥(或在前一年的冬季施)，之后分别在7月、9月追施一次速效肥(表6-1)，以充分保证母竹生长所需要的养分。母竹养分充足，年生物量就十分可观，成林速度也大大加快。

表6-1　幼林施肥管理

年　份	施肥时间	方　法	肥料种类	施肥量/(千克/丛)
第一年	4—6月	多次浇施	尿素、人粪	少量
	7月、9月	穴施	尿素	25～50
第二年	3月、7月、9月共3次	穴施	3月、7月施尿素，9月施复合肥	50～100
第三年	3月、7月、9月共3次	穴施、沟施	3月施有机肥，7月施尿素，9月施复合肥	100～250

2. 施肥方法

新植的第一年最好采用浇施，之后沟施。浇施是将化肥用水溶解，或将人粪用水冲稀后直接浇灌在竹蔸附近，以利于根系吸收，同时，可提供水分。沟施是在植株周围或上坡方向开沟，沟深15～25 cm，长30～50 cm。肥料施入沟中后要回土，以免肥料流失。沟施法施肥其肥料用量比较经济，且易于有机肥的腐熟分解，同时肥料分布在竹株周围,有利于竹蔸根系的吸收。

3. 施肥种类

新造绿竹林可施用人粪尿、厩肥、堆肥、沤肥、饼肥、泥肥等有机肥料。有机肥多属迟效肥,但竹林施用有机肥可增加林地肥力,提高土温,增加土壤微生物活动等。较长时间持续地利用有机肥能在很大程度上改善竹林土壤的理化性质,对竹株和竹鞭生长十分有利,所以有条件的地方应多施有机肥,特别是山地绿竹林。

新造的绿竹林也可以施用化肥。化肥为速效肥,其重量轻,肥效高,生产中多采用。施用化肥的种类有尿素、氯化铵、硫酸铵、复合肥、过磷酸钙、氯化钾等。据试验结果表明:相同的含氮量,肥料种类的不同,对绿竹产量影响也不同。在上述前3种氮肥中,以氯化铵最理想。施化肥方法与施有机肥相同。

不同的肥料种类,施肥的时间有所不同。速效的尿素、氯化铵、硫酸铵或过磷酸钙等化肥,以及速效的人粪尿或完全腐熟的厩肥等有机肥料,最好在夏、秋生长旺盛的季节结合锄草、松土施用。饼肥及尚未完全腐熟的堆肥、厩肥等应在春季施用,施入后经过几个月的腐熟、分解,到绿竹笋生长旺盛季节就可被吸收利用。

4. 施肥量

施肥量一般应根据土壤状况和肥料种类而定,如施用化肥,每次每丛竹株25～250 g;而施用有机肥需2～5 kg,人粪尿适量即可。绿竹幼林的施肥,在不同的年份用量差别较大。造林的当年,由于树冠小,根系少,施肥应少量而多次;到了第二年、第三年,其树冠、根系逐渐得到发展,施肥量应该相应增加。

6.1.5 幼林保护

绿竹造林后要首先注意对造林地的看护,防止人畜对母竹的触动,特别是移竹蔸造林的母竹,最忌人畜的摇晃。牛羊喜欢在新种下的母竹上擦痒、挤压,这样会造成母竹的松动。母竹的松动会影响竹蔸根系与土壤的结合,从而影响其对水分及养分的吸收,降低母竹的成活率。幼林的保护,还要注意新长枝叶、笋、幼竹的保护。绿竹林多分布在溪边、山脚等地方,这里水草茂盛,是牛羊喜欢觅食的地方。绿竹新长的枝叶低矮、鲜嫩,还有新笋竹都很容易被牛羊食用,新枝叶、笋竹被破坏,就影响新竹的发展,甚至造成母竹不再萌发新竹或母竹死亡。因此,新造的绿竹林要禁止放牧(图6-7)。

图6-7　幼林

新造的绿竹林在保护枝叶、笋、幼竹方面,除了防止禽畜的破坏外,还要防止病虫害,鼠、刺猬等兽害。

6.1.6　间作套种

在新造的绿竹幼林内,有1～3年或更长的时间可进行林地间作套种。间作套种可以覆盖土地,减少水土流失,改良土壤。间作套种又能起到以耕代抚的作用,既减少抚育投资,又可获得一定收入,并能促进幼林的生长。

间作套种的农作物可以是大豆、绿豆、花生等豆科植物。豆科植物有根瘤,其根瘤菌具有固氮作用。这些作物只要在播种时施些基肥,以后就可不必再施肥;而其收成后的秸秆留在林地内,并翻埋入土,可达到改良土壤,增加林地肥力的目的。但对间作套种的农作物必须进行中耕除草,并注意防治病虫害,以保证作物生长良好,达到间作套种的目的。

林地间作套种也可选用非豆科农作物,如甘薯、西瓜、蔬菜等;但间作套种的非豆科农作物除中耕除草外,还要适量追肥,否则会消耗地力。在间作套种农作物时,一定要注意以抚育竹林为主,并尽量做到竹农并茂,既增加短期收入,又促进绿竹生长。

造林地除间作套种农作物外,还可选择间种一年生、二年生的药材或绿肥。总之,间作套种应选择经济价值较高,容易种植并能覆盖地面的作物。

6.2　成林管理

绿竹成林是指整片绿竹林的林分郁闭度达到0.7，竹林进入较高、较稳定的产笋阶段，母竹的平均胸径达到3 cm以上。管理较好的绿竹林2～3年后进入成林阶段，管理不好，立地条件较差的绿竹林，成林时间会推迟1～2年（图6-8）。

图 6-8　山地绿竹成林

绿竹造林后的第二年就有少量的笋产出，因为除了留2～4株养竹外，其余的都可挖去，不过这时所产的笋普遍较小，产量也十分有限。

由于经营目的不同，因此绿竹的成林抚育管理与幼林抚育管理也有所不同。幼林绿竹以促进林分生长为主要目的，而成林绿竹则以促进笋产量的增加为目的。

绿竹的成林抚育管理主要包括竹林结构调整、施肥、扒土晒日、培土和灌溉等技术措施。

6.2.1　竹林结构调整

1. 丛立竹数

成林的绿竹林丛立竹数太多或太少都不好，丛立竹数太少，产笋母竹少，树冠生物量小，同化作用的能力低，产量也低。同时，丛立竹数太少即竹林的密度太小，还会造成土地和空间的浪费。若丛立竹数太多，虽然每丛的产笋量有所增加，但单株的出笋数量、笋的大小都会随之下降，单位面积的产量得不到相应的增加。同时，竹林的密度太大，管理也不便，单位面积内用工量会增加。密度太大，还会造成通气较差，易引起病害，且部分枝叶由于得不到充分的光照而未能充分地进行同化作用和营养积累，因此未能取得良好的经济效益。

绿竹林每丛留竹数以4～8株为佳，使公顷立竹数在4 500～7 500株（300～500株/亩）（图6-9）。目前各地在生产中对丛立

图6-9 丛立竹数

竹数的观点不一样，闽中一带认为丛立竹数保留在4株左右最佳，闽东地区倾向8～12株，浙南一带认为无须确定。笔者通过大量的生产实践观测，认为丛立竹数确实无固定的数值，但有一定的范围，即4～8株。丛立竹数应根据丛之间的距离、立地条件（如肥水、地形）、竹林生长状况（如植株高矮、疏密）、管理水平等确定。

2. 立竹年龄结构

年留竹数是调整竹林结构的重要保证，绿竹林所留竹株的年龄对绿竹的产量有很大的影响。一年生绿竹不仅秆基有许多笋芽，是重要的产笋母竹，而且有旺盛的生命力，是竹林同化作用的主要植株。二年生绿竹虽然秆基的笋芽少了，但同样保持着旺盛的生命力，也是竹林同化作用的主要植株。三年生绿竹的生命力开始下降，大多要砍伐去除。因此，竹林每年都要留笋长竹，竹林才会始终具有足够的一年生、二年生母竹，以保持生命力旺盛且稳定的竹林结构（图6-10）。

图6-10 留笋养竹

留笋养竹每年每丛留2～4个笋，其余的可全部采去（又见"绿竹的生长规律"的"出笋与母竹"部分），即丛的一年生、二年生、三年生竹的比例为4：3：1，或3：2：1，或2：2：1，或2：2：0。

3. 留笋时间

留笋做母竹以留中期的笋为主。虽然前期的笋笋位较低，营养较充足，笋体较大，更容易成竹；但因留前期笋做母竹会消耗大量的营养，进而影响以后的出笋量及后期笋的采挖。同时，前期笋的市场价格又较好，故一般不留。而中期笋在前期笋被采挖后，其生长力依然旺盛，可以作为母竹。不过也有农户选择留晚期笋做母竹，理由是：①绿竹留笋后，出笋会受到很大的影响，影响后期笋的产量；②当所留的笋用作来年的竹苗时，由晚期笋生长而成的幼竹根系少，更容易挖。这确实有一定的道理，新竹的生长需要大量的营养，因此不论留前期还是中期笋都会一定程度地影响后期的出笋量；留笋时间早，植株在当年的生长时间长，根系就生长更多也是客观事实。问题是留晚期笋作为母竹，母竹发育的质量较前、中期差，以及其生长时间短，竹材没有足够的时间"老化"，进而造成以下几个缺点：①越冬时容易发生冻害；②影响母竹生长的质量；③推迟来年发笋时间；④病虫为害增多。至于留笋做母竹影响长笋问题可以通过加强水肥管理进行弥补。

4. 留笋大小

在留母竹时应尽量选择较大、较健壮的笋作为母竹，留母竹地径4～8 cm，河岸竹林留竹直径较大（图6-11和图6-12），山地竹林留竹直径较小（图6-13）。我们从绿竹的生物特性了解到，绿竹母竹直径的大

图6-11 河岸竹林林分

图 6-12　河岸竹林留竹　　　　　　图 6-13　山地竹林

小，虽然与笋目的萌发率及笋的大小并无正相关关系，但立竹的直径越大，同化作用就越强，出笋数就越多，笋的总产量也就越大。

6.2.2　施肥时间、种类、数量

绿竹是丛生竹，根系在土壤的活动空间较散生竹少，而笋期长，产笋量高。成林的绿竹，每年每株产笋量 3 ～ 7 kg（含二水笋等），每丛产笋量 10 ～ 20 kg，高的可达 50 kg。因此，每年都要补充大量的养分，施肥就显得十分重要。有产地竹农说：绿竹生笋如同母鸡生蛋，"有吃生至死，无吃死不生"，说明了施肥对提高绿竹产笋量的重要性。

1. 施肥时间及肥料选择

绿竹林一年通常要施 3 次肥，每次施肥所用的肥料有所不同，增加施肥次数有利于绿竹的生长。绿竹林也可以选择一年施 4 次、5 次甚至更多，增加的施肥次数安排在 6 月上旬的"笋前肥"，以及产笋期间的多次"笋追肥"，其中以下 3 次最为重要。

第一次施肥叫施春肥（长叶肥），时间在 3 月上旬—4 月上旬，即每年的清明前后，结合扒土晒头后的覆土进行（图 6-14）。这次施肥可以促进笋芽的萌动（发），增加竹丛出笋量，同时有利于枝叶的生长，形成足够的营养体。春肥以有机肥为主，如厩肥、饼肥、人粪尿或土杂肥、塘泥、垃圾等。由于施入的有机肥随着春季气温的升高而发酵，既可为夏季绿笋的萌发生长做营养准备，又可以提高土温，以促进笋期的提早。同时，有机肥可以改良土壤的结构，增加土壤的通气性和保水能力。若没有条件施有机肥，就以尿素为主。春季的绿竹地上部抽枝

图 6-14　竹林抚育施肥

长叶,则以施氮肥为宜。

　　第二次施肥为夏肥(笋中肥),在7月中下旬。此时,绿竹经过前期的出笋,已消耗了一定的营养,而出笋期又即将由初期进入盛期,其母体需要大量的营养,应及时迅速地补充,故以施速效肥,即化肥:尿素、过磷酸钙、复合肥等为宜。

　　第三次施肥为秋肥(养竹肥),一般在8月中下旬。这次施肥的目的是:①可为后期笋提供足够的营养,增大后期笋的个体重;②可延长笋期,使更多的笋芽继续生长;③为留养的新竹生长提供必需的营养;④增加母竹的营养积累,提供后期母竹同化作用所需要的营养物质,为来年母竹的出笋打下基础。秋肥以施速效肥为宜。

　　在春肥、夏肥、秋肥以外,可增加"笋前肥""笋追肥"。笋前肥为在长笋前或长笋的初期进行的施肥,通常在5月中旬—6月上旬进行,笋前肥是为长笋做准备,以尿素为主。笋追肥是在长笋量达到2/3时,再次补充长笋的营养消耗,通常在8月进行,施化肥每丛0.5～1.0 kg,

穴施、沟施、浇施均可。

2. 施肥量

绿竹的施肥量要根据竹林的林分情况、立地条件做适当的调整。林分情况好,长势旺盛的可以适当少施,立地条件好的也可适当少施;种在滩涂地的绿竹,保肥能力差,每次施肥要少些,而次数应相对增加些(图6-15)。

图 6-15 沙洲竹林

每年施肥,第一次施有机肥,量可多些,每丛施15～50 kg,每亩为500～2 000 kg,具体根据绿竹林的林相及肥种而定,有机肥中也可加入过磷酸钙或少量的尿素等化肥;第二次以尿素为主,配合少量的磷钾肥,每丛施肥量0.5～2.0 kg;第三次施复合肥,氮磷钾的比例为N∶P∶K＝5∶2∶1,肥量每丛为0.5～1.5 kg(表6-2)。

一年中3次施肥所占的份额分别是:第一次约55%,第二次约30%,第三次约15%。

表6-2 成林绿竹林的施肥管理

序 号	项 目	时 间	肥 种	施肥量/（千克/丛）	占全年施肥量/%
1	春肥	3 月上旬～4 月上旬	有机肥	15～50	55
2	笋前肥	5 月中旬～6 月上旬	尿素	0.5～1.0	
3	夏肥	7 月中下旬	尿素为主兼磷钾肥	0.5～2.0	30
4	笋追肥	8 月	尿素	0.5～1.0	
5	秋肥	8 月中下旬	化肥 N：P：K＝5：2：1	0.5～1.0	15

6.2.3 施肥方法

绿竹的施肥方法有沟施、穴施、撒施、堆施、浇施、腔施等。

1. 沟 施

沟施是在绿竹丛内挖20 cm以上深的沟，将肥放进沟内然后覆土的方法（图6-16）。

开沟可以在丛内开沟也可在丛的四周开沟，开沟可以直线开沟也可以曲线或弧线开沟，每丛开沟一至多条。多条开沟可以是放射状开沟也可以是环状开沟，放射状开沟即从绿竹丛中心向绿竹丛的外延挖土开沟，当遇到植株时，要绕开竹蔸，尽量少损伤竹根。环状开沟施肥即每年在竹丛的外围环状开沟进行施肥。由于在绿竹丛的外围，竹蔸少，开沟容易，用工更省，因此速度更快，但施下的肥只与少部分外围的根系接触，效果较差。

开沟时遇到老竹蔸（无地上部）或无发笋能

图 6-16 沟施

力的笋蔸时，可分成两种情况处理：①竹蔸或笋蔸外没有连接新的植株或外连有的植株大于等于3株的，就挖除竹蔸或笋蔸；②若外只连有1～2株植株的，最好暂予保留，待发展有更多的植株时再挖除。这是因为，竹蔸或笋蔸尚起着母竹与母竹之间的桥梁作用，保持着植株间的相互联系，能增加植株的营养协调能力，从而提高植株的抗病抗旱能力。

放射状开沟方法施肥容易伤及笋芽，较适合春季进行，不适合施夏肥。土壤较紧实的地方种植绿竹（如山地绿竹林），每年都要进行扩穴施肥，环状施肥可结合扩穴松土进行。施肥扩穴后应及时培土（图6-17）。

图 6-17　施肥、培土

2. 穴　施

穴施就是在绿竹丛内利用蔸与蔸之间空隙挖穴施肥的方法（图6-18）。进行挖穴施肥的绿竹，每丛挖穴数量一般要3～5个，绿竹丛大的多挖，小的少挖。穴的大小为1～2锄头宽，具体根据施肥量而定，深度应与竹蔸同深。穴施用工较少，也较方便，施入的肥料利用

图 6-18　穴施

率较高，是绿竹每年施夏肥、秋肥时，农民较喜欢采用的施肥方法。

穴施可结合挖笋，或挖除老竹蔸时进行。使用这种方法施肥要注意，不要将施入的肥料与竹蔸直接接触，特别是刚挖完笋的竹蔸，要等伤口干时再施肥、覆土，否则容易伤害竹蔸。

3. 撒施、堆施

撒施或堆施就是将肥料直接撒在绿竹头的表面，或将有机肥堆放

在绿竹头表面的一种施肥方法(图6-19)。撒施、堆施的肥料,是在降水淋溶之后才输送至根部而被吸收的。该方法最为简单,用工最省,但效果较差。由于肥料是直接堆放于土表,缺少覆盖,容易造成挥发或流失,同时肥离绿竹根系远,较难吸收利用,因此撒施或堆施肥料后,最好结合适当的覆土、培土,以减少肥料的流失(图6-20)。选择即将降雨的天气撒施,这也是减少挥发、增加肥效的简便方法。

图 6-19　撒施

图 6-20　培土

4.浇　施

浇施就是将化肥溶解后,浇灌于绿竹头的一种施肥方法。它是一种很好的施肥方法,尤其对种在山地上或其他较干旱的土壤的绿竹林,结合滴灌施肥是值得探索的技术。浇施既能将养分均匀地分配于各个竹蔸的根系,又能给植株提供水分,满足植株的各种生理需要。不过浇施用工量较大,操作不太方便,水源较远的绿竹林,浇施难度更大。采用浇施法上肥,每次浇施的肥料浓度不宜太高,否则会因浇施后的土壤离子浓度过高,而造成植株烧伤。采用浇施法施肥以低浓度、多次数为佳,施肥次数一般应比其他施肥方法增加2～4次。

5.腔　施

腔施是对砍伐较大的竹头进行腔内施肥的一种方法,它是借鉴了毛竹林腔施的施肥方法,可较大地提高施入肥料的肥效,同时可加快竹蔸的腐烂。腔施是已被毛竹林施肥运用中证实的一种优良施肥方法,并已普遍使用,这种方法在丛生竹中尚极少应用,有待进一步探讨。

6.2.4　扒土晒目

扒土就是在竹丛的四周用锄头由外向内将表土扒开,尽可能多地使竹蔸上的笋目暴露在外面(图6-21)。其目的是让竹蔸上的笋芽直接接触阳光,或接受地表空气的较高温度,从而促进笋目早萌发、多萌发,以提高绿竹笋的经济价值和笋产量。同时,扒土可以促进竹蔸上的根系生长,以及便于绿竹的施肥。

图6-21　扒土晒目

扒土工作最好在每年的3月或4月进行,即在春分前后,大部分的笋芽开始萌动时。扒土时,注意不要损伤笋目并尽量少伤根系。

扒土后,笋目暴露时间10～20 d即可,最后结合施春肥重新覆土。

扒土是绿竹成林管理的一项重要内容,对提高绿竹林的经济效益具有较大的作用。成林绿竹林每年必须进行一次扒土晒目。

6.2.5　培土和灌溉

种植的绿竹,尤其是成林后每年都需要培土,绿竹林培土可以极大地提高笋的产量与质量。

在绿竹发展的过程中,其新竹的竹蔸总是不断升高,在土层中的分布逐渐变浅,如果不进行适当的培土,绿竹的竹蔸很快就会半裸露或裸露出地表。

绿竹笋在土中生长时,笋箨黄色,笋质细白、幼嫩,味鲜美,而出土接受阳光后,笋箨即变成褐色、绿色,并且纤维老化,味苦涩。在绿竹笋未出土前,经常培土可使竹笋在土中有更长的生长时间,这样不仅笋质更优,笋的可食率提高,而且笋体更大,产量亦更高(图6-22)。

对绿竹进行培土就是将绿竹丛间空隙处、梯壁或外来的土,覆盖于竹丛根际。培土以培肥沃、细碎的潮土为好，每次培土厚度一般要比原竹蔸增高 10 ～ 15 cm 为宜（图 6-23 和图 6-24）。对培土困难的竹林，可以使用稻草等物覆盖。

　　培土每年一般要进行两次，第一次在每年 3—4 月，可在绿竹头扒土之后（图 6-25）结合施有机肥进行培土。这次培土，主要是为了增加竹蔸土层的厚度，使竹笋在土中有更长的生长时间。第二次在每年的 10 月，即笋期结束后。这个时期进行培土，是为了增加土壤保温能力。此次培土最好能结合一次灌溉，以提高土壤墒情，从而提高绿竹的抗寒越冬能力。生产实践中，绿竹培土是一项经常性的工作，在每次采笋后的覆土及每次上肥等管理活动中，都要同时兼顾周围的培土工作。

　　绿竹是一种需水量较大的植物，在绿竹产区里，我们可看到大量的绿竹是种在溪河两岸，且长势很好的。这除了因为河边土壤疏松，

图 6-22　培土

图 6-23　山地培土

图 6-24　平地培土

图 6-25　扒土后

通气良好,还有一个重要的原因就是水分充足。

绿竹的叶面积及叶面积指数相对较大,其蒸发量与散生竹(如毛竹)相比要大得多。绿竹的根系少,分布范围小,仅有相当于散生竹竹蔸的那一部分根系,而缺少散生竹竹鞭上的大量根系(散生竹的根系遍布于整个林分下的土壤空间),这样,绿竹根系吸收水分的空间就很有限,能否提供足够的水分,关系到绿竹的光合作用及其他生理活动能否正常进行。所以,对绿竹林进行灌溉,为其生长提供足够的水分,对增加绿竹的产量具有十分重要的意义。

6.2.6　林下经济

林下经济是指充分利用现有的林地资源和林荫优势,从事林下种植、养殖等立体经营模式,使农林牧业达到资源共享、相辅相成、共同发展的多态经营模式。绿竹成林后林下可以经营其他作物,优点是:一地两用,可增加土地利用率,增加管理竹林的厂房、道路等设施的利用率;通过对作物耕作,改良竹林土壤理化性质;通过对其他作物的管理,改善竹林生态环境和竹林卫生。成年绿竹林郁闭度达0.9以上,目前较常见的林下经济有竹荪(图6-26)、姬松茸等食用菌栽培。

图 6-26　竹荪

竹荪出菇温度是20 ℃以上,就闽北而言,竹荪可安排在阳历1—4月播种,5—8月采收,一般竹荪播种60 ～ 70 d就可采收。

竹荪栽培技术流程:准备培养料→堆料发酵→园地整畦→下料播种→发菌管理→采收加工。

1. 准备培养料

竹荪是一种木腐菌,其栽培原料十分广泛,含有木质素、纤维素的原料,如阔叶树木屑、竹屑、竹绒、谷壳、芦苇秆、甘蔗渣、豆秸等均可作为栽培原料。但从实践上看,混合料较好,在原料中添加些含氮物质,对提高产量有显著作用,如干竹叶(500 kg)+竹屑(1 000 kg)+谷壳(500 kg)+石灰(50 kg)+尿素(25 kg)+过磷酸钙(25 kg)。

2. 堆料发酵

将原料混合或先分层堆放(图6-27),每层撒一定量的辅料,约发酵40 d时间,其中翻堆3次,确认培养料无氨味后可下料播种。

3. 园地整畦

园地整畦,畦宽40~50 cm,长度不限。

图 6-27　堆料

4. 下料播种

将培养料平铺在整好的畦上,料厚20~30 cm。将竹荪菌种掰成鸽子蛋大小的块状,按梅花形分布,每隔5~8 cm播一穴(图6-28),每667 m²播种600袋菌种(14 cm×28 cm塑料袋菌种)。播种后即在畦面覆盖5~8 cm厚的碎土粒,最后在畦面上盖上一层薄稻草保湿。

图 6-28　菌种播种

5. 发菌管理

播种后的前15~26 d,一般无须喷水,但要保持通风。后期注意控制温度和湿度,温度以23~26 ℃为佳,湿度以培养料含水率60%~70%为宜。

6. 采收加工

播后30~45 d,培养料和覆土即可长满菌丝,再经过30~45 d,完成菇蕾、抽柄、开裙生长,随即采收加工(图6-29)。

图 6-29　采菇

6.2.7 工具介绍

1. 小山锄

小山锄亦叫小锄头等，主要用于绿竹丛内的土壤耕作。山锄类似锄头，比锄头小、厚，竹丛内作业更加灵巧，具有锄、铲、挖、撬动的功能。山锄由锄身、锄柄两部分组成，锄身宽8～10 cm，长20～30 cm；锄柄长100～120 cm，主要特点是小巧、短柄（图6-30）。

图 6-30　小山锄

2. 去头镐

去头镐亦叫去头锄、去头斧、斧锄等，主要用于去除老绿竹头。去头镐由锄头、斧头和木柄3个部分组成。去头镐为镐状，一头为锄，一头为斧（图6-31）。

去头镐的锄体长15～20 cm，宽4～6 cm；斧体长约15～20 cm，宽4～6 cm；木柄长45～55 cm，主要特点是坚固。

图 6-31　去头镐

3. 培土锄

培土锄与普通锄头主要的区别是锄面较大，锄身较薄，这样可以每次刮铲更多的土壤。培土锄主要用于绿竹林的培土及每年的扒土晒目。锄面宽25 cm，高30 cm，主要特点是体薄、面大（图6-32）。

图 6-32　培土锄

4. 施肥锄

施肥锄的宽度、厚度与普通锄头基本相同。施肥锄主要用于开沟施肥,以及扩穴等生产劳动。锄面宽13 cm,高26 cm,主要特点是锄面长(图6-33)。

5. 其他工具

锄头:南方常见农具,锄面宽15 cm,高25 cm,主要特点是多功能。

劈刀:福建常见农具,柄长120 ～ 150 cm,主要特点是长柄(图6-34)。

图6-33　施肥锄

图6-34　锄头、劈刀

参考文献

[1] 陈双林,陈长远,王维辉,等.绿竹笋芽提前萌发促成技术研究[J].西南林学院学报,2004,24(03):17-20.

[2] 陈余钊,林锋,吴一宏,等.浙南地区的绿竹笋用林丰产高效栽培技术[J].竹子研究汇刊,2003(04):25-29.

[3] 高贵宾,顾小平,吴晓丽,等.绿竹出笋规律与散生状栽培技术[J].浙江林学院学报,2009,26(01):83-88.

[4] 高贵宾,顾小平,吴晓丽,等.绿竹笋用林扒晒与施肥技术研究[J].四川农业大学学报,2009,27(01):79-82.

[5] 高培军.绿竹笋用林丰产机理与栽培技术研究[D].福州:福建农林大学,2003.

[6] 高瑞龙.绿竹施肥种类、时间效果初步试验研究——绿竹施肥试验研究之二[J].西南林学院学报,2000(03):139-142.

［7］李建江，邹清文.绿竹笋用林的高产栽培技术［J］.林业科技开发，1997（06）：46-47.

［8］缪妙青，林忠平，高瑞龙.绿竹山地栽培技术研究［J］.竹子研究汇刊，2002，21（01）:61-64.

［9］邱尔发,郑郁善,洪伟.竹林施肥研究现状及探讨［J］.江西农业大学学报,2001,23（04）:551-555.

［10］吴霖，陈建铮，朱勇.套种不同作物对新造绿竹林生长的影响[J].福建林业科技.1998,25（04）:44-46.

［11］徐超.福建省三明地区发展林下经济实证研究［D］.北京：北京林业大学，2013.

［12］张国防，陈钦.绿竹山地丰产栽培技术措施优化组合的研究[J].经济林研究，1999（04）:12-14.

第7章 绿竹病虫防控与减灾

绿竹林的主要害虫有竹笋象、竹织叶野螟、竹蚜虫、金针虫和篁盲蝽，主要病害有煤污病、竹疹斑病和竹丛枝病。冻害、开花也是绿竹经营中较常见的灾害。

7.1 竹笋象

竹笋象（*Curculionidae*）为鞘翅目象甲科，又称竹象、竹龙，为害竹笋、幼竹。成虫（图7-1）和幼虫均在笋、幼竹上取食为害，幼虫在竹笋腔内蛀食。竹笋蛀食后，会腐烂退笋，或成竹后倒折，秃顶；成虫在笋尖10～20 cm处由外向内蛀食成孔，造成节间缩短，竹材折断、变形。

图 7-1　竹笋象成虫

7.1.1　形态特征

竹笋象头部延伸成似象鼻状的喙[①]，咀嚼式口器居于喙的顶端；触角膝状，端部膨大；无上唇；前胸背板无侧隆线和横隆线；幼虫体柔软而弯曲，头部发达，无足。

常见的竹笋象种类有大竹笋象、笋横锥大象和一字竹笋象，其主

①　喙（音huì），昆虫口器。

要特征见表7-1。

表7-1   3种竹笋象的主要识别特征

虫　态	大竹笋象	笋横锥大象	一字竹笋象
成虫	体长20～33 mm。红褐色，体表光滑，有光泽，前胸背板后缘中央有一近菱形黑斑，翅鞘肩部各有9条点刻沟，鞘翅前缘两侧各有一个黑斑，臀角钝圆	成虫前胸背板后缘正中有1个大黑斑，显弓形，顶端箭头状。成虫鞘翅黄色或黑褐色，外缘圆，臀角具齿突。前足腿节、胫节明显长于中、后足腿节	体略呈梭形，雄虫赤褐色，体长15～21 mm，前胸背板中央自前缘至后缘有"一"字形黑斑，翅鞘各有黑斑两个
卵	椭圆形，光滑，无色透明，长约3 mm	初为乳白色，后变乳黄色，长约4 mm	长圆形，白色，长约3 mm
幼虫	乳黄色，体长35 mm左右，头棕色	体长45～50 mm，白色后变乳黄色	体长约20 mm，黄色，头赤褐色，口器黑色
蛹	白色，长约30 mm	35～50 mm	淡黄色，长约15 mm，腹末有两个突起

1. 大竹笋象

大竹笋象（*Cyrtotrachelus longimanus Fabricius*）又名大竹象、大笋象，成虫体长20～33 mm，橙黄色、黄褐色或黑褐色；前胸背板后缘中央有1个黑斑，多为不规则方形；鞘翅外缘截状，臀角钝圆，无尖刺；前足腿节、胫节与中足腿节、胫节等长，前足胫节内侧棕色毛短而稀。初孵幼虫乳白色，老熟幼虫体长40～45 mm，淡黄色，头黄褐色，口器黑色，前胸背板有黄色大斑，且有一隐约可见的灰色背线（图7-2和图7-3）。

图7-2　大竹笋象1

图7-3　大竹笋象2

2. 笋横锥大象

笋横锥大象（*Cyrtotrachelus buqueti* Guer-Meneville）又名长足大竹象、笋横锥大象，成虫前胸背板后缘正中有1个大黑斑，显弓形，顶端箭头状；鞘翅黄色或黑褐色，外缘圆，臀角具齿突；体长25～40 mm；前足腿节、胫节明显长于中、后足的腿节；前足胫节内侧密生1列棕色毛（图7-4和图7-5）。幼虫白色、乳黄色，体长45～50 mm。

图 7-4　笋横锥大象 1

图 7-5　笋横锥大象 2

3. 一字竹象

一字竹笋象（*Otidognathus davidis Fabricius*）又名一字竹象、一字笋象，成虫体梭形，体长15～17 mm，喙长6～7 mm，赤褐色；前胸背板具一贯穿的纵向黑色条斑（图7-6）；鞘翅上具黑斑4个；亦有少数为全体黑色成虫。幼虫乳白色至米黄色，头部褐色，体长约20 mm，体肥大，多皱褶。

图 7-6　一字竹笋象

7.1.2　生活习性

1. 大竹笋象

大竹笋象每年发生1代，以成虫在土中越冬，翌年5月，即日均气温约24 ℃，越冬成虫开始出土活动，以6月中旬—7月上旬，日均气温约28 ℃，为出土盛期。成虫常于竹林中回旋低飞，喜栖息于阴凉处，啃咬笋箨补充营养。雌虫于竹笋尖端5～6 cm处产卵,产卵时先用口咬一长1.0～1.5 cm的槽,然后在槽中产1粒卵。幼虫蛀食竹笋及嫩竹。老熟幼虫入土6～28 mm深处化蛹。成虫有假死性,不喜飞翔,羽化后不出土,于土室内越冬。

2. 笋横锥大象

笋横锥大象1年发生1代,以成虫于土中越冬,翌年6月中旬出土,8月中下旬为出土盛期,10月上旬成虫终见。幼虫危害期为6月下旬—10月中旬,7月中旬—10月下旬化蛹,8—11月上旬羽化为成虫越冬。成虫于笋尖8～15 cm处咬一产卵孔(图7-7),幼虫在竹腔内取食(图7-8)。成虫有假死性,受震动后即掉落地面。

 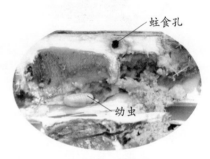

图 7-7 受害竹笋   图 7-8 受害竹笋内部

3. 一字竹笋象

一字竹笋象在福建1年发生1代,以成虫在8～15 cm深的土茧中越冬,越冬成虫于4月下旬前后出土。成虫寿命约30 d,可多次交尾、产卵(图7-9)。产卵孔似取食孔,但内腔较大。每孔产卵1粒,1株笋梢上的卵量可多达80余粒。卵经3～5 d孵化,幼虫(图7-10)蛀入笋内为害。幼虫在笋箨下的幼笋表层取食笋肉,使笋表留下10 cm左右的取食沟。笋被害部位高生长受阻,导致节间缩短,食孔较大时笋梢折断或风折。随着竹子组织木质化程度的提高,幼虫转而取食枝芽,致使竹枝夭折。笋上有幼虫为害部位,笋箨皱褶但不脱落。老熟幼虫咬穿笋箨坠地,或随同断梢、折枝落地,入土8～15 mm深处做土茧,

图 7-9　虫卵

图 7-10　幼虫

经半个月后化蛹,蛹期20 ~ 30 d,7月底羽化为成虫,在土茧内越冬。多种鸟类可捕食笋梢中的幼虫。土茧被击破后,茧内的幼虫或蛹或成虫易遭白僵菌或绿僵菌侵染而死亡。

7.1.3　防控方法

(1)人工捕捉,利用成虫假死性,在成虫盛期进行,亦可结合生产活动进行人工捕捉。

(2)护笋,用4 ~ 5 cm粗,30 cm长的竹段,纵劈成刷把状,做成护罩套在笋尖上,以隔离成虫。

(3)受害严重的竹林,在秋冬两季进行15 cm以上的深翻松土,破坏土茧或外出通道,促使成虫死亡。此外,及时挖掘被害笋,消灭笋内幼虫。

(4)在成虫期将糖醋液或麦麸炒香拌敌敌畏,制成毒饵诱杀。

(5)即时消除受害笋内的虫卵,或用杀虫剂涂抹产卵空腔。

7.2　竹织叶野螟

竹织叶野螟(*Algedonia coclesalis* Walker)又称竹苞虫、竹卷叶虫,为竹螟类害虫,属鳞翅目,螟蛾科,以幼虫吐丝卷叶并取食为害(图7-11),造成竹林出笋减少,严重时,受害竹腔内积水,绿竹枯死。

图 7-11　为害病状

7.2.1　形态特征

成虫：雌成虫体长9～11 mm，雄成虫体长10～13 mm；体黄至黄褐色，腹面银白色；触角丝状、黄色；复眼草绿色；前、后翅外缘均有褐色宽边，前翅有3条深褐色弯曲的横线，外横线下半段有一纵线与中横线相接；后翅淡黄色，中央有一条弯曲的横线（图7-12）。

卵：扁椭圆形，长径0.84 mm，卵块蜡黄色，卵粒相互紧密地排列成鱼鳞状（图7-13）。

图7-12　成虫　　　　　　　　　　图7-13　虫卵

幼虫：老熟幼虫体长16～25 mm，半透明，结茧化蛹前变为乳黄色；前胸气门前方有一不规则的褐色斑；腹部各节背面和侧面，共有褐色斑6块，其中背面2块较大（图7-14和图7-15）。

蛹：体长12～14 mm，橙色，臀棘8根，分别着生在两个突起上；茧椭圆形，长14～16 mm，灰褐色，外面为丝与土粒相黏结。

图7-14　幼虫1　　　　　　　　　图7-15　幼虫2

7.2.2 生活习性

竹织叶野螟生活史较复杂,有1年1～4代及世代重叠的现象,以老熟幼虫在土茧中越冬,以第1代幼虫为害最严重,第3代、4代较少见。

成虫在4月下旬开始化蛹,多在每天的20～23时之间羽化,羽化后成群飞出竹林,寻找蜜源植物以补充营养。常见的蜜源植物有板栗、栎类、夏枯草、菊科植物等。成虫趋光性强,每晚有两个扑灯高峰,即20～23时及1～2时。成虫经一星期补充营养后,开始交尾产卵。

卵产于新竹上部的叶背面,每雌产卵92～149粒,卵块含卵以30粒左右为多。卵初产时为蜡黄色,2日后变为淡黄色,后变为黑褐色,6月上旬卵孵化。

初卵幼虫爬到未完全展开的新叶上,用丝将叶缠数道后,爬入其中取食(图7-16)。二龄幼虫常1～3条卷两张叶成一苞,在其中取食为害。三龄幼虫卷3～4张叶成一苞,每苞一虫。三龄以后换苞较勤,末龄幼虫天天换苞。三龄以后卷苞较紧,并以虫粪堵塞孔口,常给防治带来困难。幼虫老熟后吐丝下竹,入土2～5 cm深处吐丝结土茧越冬。

图 7-16 苞叶内侧

竹织叶野螟的天敌主要有寄生蜂和鸟类、青蛙、蟾蜍、蜘蛛、蚂蚁、草蛉等捕食性动物。

7.2.3 防治方法

(1)每年8月后进行劈山锄草,可击死大量土茧,或致使茧内幼虫因秋旱、冬寒而死。

(2)结合竹林抚育管理,消除林中的小灌木,以减少蜜源植物。

(3)5—6月成虫期,在竹林附近高而开阔的地点设黑光灯或太阳能诱虫灯诱杀成虫。

（4）生物防治。在发现幼虫苞叶时用森得保、森绿可湿性粉剂林间喷洒，或喷白僵菌粉，用量7.5～15 kg/hm²；充分保护和利用天敌，在卵期，人工释放松毛虫赤眼蜂120万头/公顷。

（5）化学防治。在虫口密度较高时用98％晶体敌百虫500倍液喷洒，但因成虫历期较长，必要时需多次喷药。在老熟幼虫下竹化蛹时，地面喷洒20％氯氰菊酯或2.5％溴氰菊酯1 000倍液。还可用卤水或稀粪水按50 kg加入80％敌敌畏乳油0.25 kg的比例诱杀成虫。

7.3　竹蚜虫

竹蚜虫（*Bamboo Aphidoides*）为同翅目（Hemiptera）、蚜总科（Aphidoidea）害虫的统称，固定群聚于幼秆表面或叶背面，刺吸组织汁液，致竹株长势衰退，影响绿竹生长，使绿竹笋产量下降，同时易引发煤污病。

7.3.1　形态特征

竹蚜虫的虫体很小，长2.0～2.5 mm，椭圆形，分有翅型与无翅型两种类型；刺吸式口器，口针长；触角丝状，雄成虫只有一对前翅，口器退化；雌成虫无翅，头胸愈合，体呈贝壳形、半球形、卵圆形；尾部有两个明显的筒形腹管，体常被粉状分泌物覆盖。为害竹子的蚜虫害虫的种类有十余种（图7-17和图7-18）。

图 7-17　竹蚜虫 1　　　　　　　　图 7-18　竹蚜虫 2

7.3.2 生活习性

竹蚜虫1年数十代，多数无明显越冬虫态和越冬阶段，一年四季繁殖，以有翅蚜等营孤雌生殖，10天左右繁殖1代；在新竹抽枝展叶时为害最严重，其他各月份都有为害，在竹林密度过大，通风透光不良的情况下容易发生。

7.3.3 防治方法

（1）加强竹林抚育管理，及时砍伐虫害严重的竹株并集中除虫处理；适时疏伐，改善通风透光环境。

（2）保护和利用瓢虫、草龄、食蚜蝇、蚜茧峰等蚜虫天敌，以虫治虫。

（3）化学防治。喷雾法，用5%蚜虱净或2.5%功夫乳油或20%杀灭菊酯1 000～2 000倍液喷雾；或用0.5 kg尿素，1.25 kg洗衣粉，兑水50 L喷雾。竹秆涂药法，5—6月用40%敌敌畏乳油等药剂1份，加水1份，用毛刷直接涂秆；或2%石灰水，40%敌敌畏乳油涂秆。

7.4 金针虫

金针虫（Elateridae）为鞘翅目（Coleoptera）、叩甲科（Elateridae）昆虫幼虫的总称，有50余种，多数种类为害农作物的幼苗及根部，是地下害虫的主要类群之一，别称铁丝虫、铁条虫、蚌虫。绿竹林内的金针虫以为害绿竹笋为主，较少见其为害竹蔸或绿竹根茎，为害时将笋取食成空洞，造成笋腐烂、变味（图7-19）。

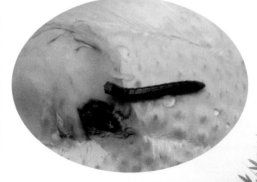

图 7-19 受害竹笋与幼虫

7.4.1 形态特征

金针虫幼虫体细长，圆筒形，体表坚硬，长20～30 mm，金黄或茶褐色，并有光泽，故名"金针虫"（图7-20）。根据种类不同，幼虫期1～3年，蛹在土室内，蛹期约3周。成虫体形细长或扁平，长15～20 mm，体黑或黑褐色，触角较长，梳状或锯齿状，3对胸足大小相同，较细长，头部能上下活动似叩头状，故俗称"叩头虫"（图7-21）。

图 7-20　幼虫　　　　　　　图 7-21　成虫

7.4.2 生活习性

成虫次年3—4月出土活动。金针虫以幼虫为害为主，幼虫蛀入绿竹笋内，蛀成孔洞，导致竹笋局部或全部腐烂。沟金针虫在8—9月间化蛹，蛹期20 d左右，9月羽化为成虫，即在土中越冬，次年3—4月出土活动。金针虫的活动，与土壤温度、湿度，寄主植物的生育时期等有密切关系。

7.4.3 防治方法

（1）成虫对灯光、新枯萎的杂草有极强的趋性，可利用灯光、堆草进行诱杀。另外，金针虫对羊粪具有趋避性。

（2）秋季翻土晾晒，将土中的蛹、幼虫或成虫翻到地表，冬季冻死，减少虫源。

（3）人工捕杀，用人工在4—5月的下午时间捕捉成虫。

（4）寄生金针虫的真菌种类主要有白僵菌和绿僵菌，因此发生灾害严重的竹林，可在成虫羽化后林内喷洒白僵菌。

（5）发生严重时可浇水迫使害虫垂直移动到土壤深层，减轻为害。

7.5　篁盲蝽

篁盲蝽（*Mecistoscelis scirtetoides* Reuter）为半翅目（Hemiptera）（图 7-22），盲蝽科（Miridae），俗称竹蚊、青蚊，为近年新发现为害绿竹的昆虫。

7.5.1　形态特征

篁盲蝽似蚊虫，成虫体形细长，刺吸式口器，体长6～10 mm，触角约体长的2倍，各脚细长是体长的1.5～2.0倍，口器约体长的0.6倍；体背浅绿色、绿色，眼黑色，翅褐色或绿色，触角黑褐色。雌雄成虫形态无差别（图7-23和图7-24）。若虫黄绿色、绿色，透明、半透明状，身体长度略小于成虫（图7-25）。卵长椭圆形，长1.0～1.5 mm，十余粒整齐排成列；初期呈乳白色后渐呈淡红色，孵化前呈透明状。

图 7-22　成虫半翅

图 7-23　成虫 1

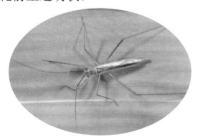

图 7-24　成虫 2

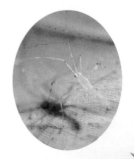

图 7-25　若虫

7.5.2 为害症状及习性

篁盲蝽成虫及若虫为害绿竹叶片，于叶背以刺吸式口器穿越叶片表皮，伸入叶肉组织刺吸取食，受害叶片形状完整。受害绿竹叶背面无病状，正面出现近方形的白斑（显微镜下可见叶脉为绿色），似叶表皮受损而凹陷（图7-26）。斑块大小

图7-26 受害叶

（1 mm×1 mm）～（2 mm×3 mm），每斑块间隔1～3 mm，初期一叶内出现数个，严重时一叶内出现数百个斑块。白斑出现后，叶背多转为赤褐或橙黄色锈斑，严重时全叶干枯，影响绿竹产量。

成虫于嫩叶近叶尖处产卵，成虫及若虫多于叶背活动，5—10月虫体可见，闽中以9月中旬—10月下旬盛行。

7.5.3 防治方法

由于篁盲蝽的虫体小，因此常被竹农忽视。防治篁盲蝽为害的方法有物理防治、药剂防治和生物防治。

1. 物理防治

利用篁盲蝽对色彩的敏感性进行诱杀，在黄、绿、蓝、白4种颜色粘纸中，黄色最具引诱效果，其次为绿色、蓝色、白色。

2. 药剂防治

在篁盲蝽发生的盛期，使用30%扑灭松乳剂1 500倍，或20%芬化利乳剂2 000倍，喷药1～3次，每隔15天施药一次。喷施乐果等常用杀虫剂同样具有一定防治效果。

3. 生物防治

寄生蜂是防治篁盲蝽的方法之一。黑卵蜂可寄生篁盲蝽卵，篁盲蝽卵呈粉红色，而被寄生后会呈现黑色金属光泽。

7.6　煤污病

煤污病又称竹煤病，发生时，竹叶的表面和小枝上覆盖着黑色的煤层，阻碍竹子的光合作用和呼吸机能，使得竹子生长衰弱(图7-27)。

图 7-27　病秆

7.6.1　症　状

开始时在竹叶或小枝上产生圆形或不规则形，黑色丝绒状的煤点，后蔓延扩大，致使竹叶正反面、叶鞘及小枝上均布满黑色较厚的煤层(图7-28)，严重时枝叶黏结，竹叶发黄至脱落。

煤污层的枝叶上，常见蚧壳虫和竹蚜虫的为害，因竹蚧壳虫和竹蚜虫等为害时产生竹汁和分

图 7-28　病枝、病叶

泌甘露，提供了煤污菌的营养来源，诱发煤污菌大量繁殖。有些煤污菌生有吸器,伸入寄主表皮细胞吸收养料。

7.6.2　病　原

为害竹子的煤污菌主要有子囊菌亚门核菌纲小煤炱目小煤炱科的小煤炱菌(*Meliola*)和明双胞小煤点菌(*Dimerina* sp.)。病菌可能以菌丝体或子囊果在病株上越冬，借风、雨、昆虫传播。病害的发生早迟及流行的程度与虫媒的生活史、活动情况及立地条件有一定关系，一般春季比秋季发生重,密林比疏林发生重。

7.6.3　防治方法

（1）加强竹林的抚育管理，保持合理的竹林密度，使竹林通风透光，降低湿度，以减少发病条件。

（2）清除为害严重的植株。

（3）即时防治介壳虫和蚜虫。

7.7　竹疹斑病

竹疹斑病又称竹黑痣病、叶肿病。竹疹斑病为害多种竹子，绿竹发生较严重。绿竹竹叶被害后，生长衰退，产量降低，严重时造成病叶枯黄脱落（图7-29～图7-31）。

图7-29　病叶1

1—叶背；2—叶面；3—为害后期

图7-30　病叶2

图7-31　病叶3

7.7.1　症　状

发病最初期（8月、9月）叶片表面产生灰白色小点，后渐变成梭形橘红色的病斑，稍隆起，翌年春季此病斑成漆黑色。圆形、椭圆形或纺锤形的小黑点，即病菌的子座，其外围有明显的黄色的变色圈，同一叶上可产生1至数百个小黑点。小黑点的形状及隆起的程度，不同的菌种有所差异。

7.7.2　病　原

竹疹斑病大多数是由于球壳菌目疔座霉科黑痣属（*Phyllachora* spp.）的黑痣菌侵染所致，现已知有7种黑痣菌能危害竹叶，其中以山竹圆黑痣菌和竹长黑痣菌为主。

病菌以菌丝体或子座在病叶中越冬，翌年4—5月子实体成熟，释放孢子，靠风雨传播。

7.7.3　防治方法

（1）加强竹林的抚育管理，适时疏伐，保持合理的立竹密度，使竹林通风透光，改变发病条件。

（2）按期砍伐老竹，尽早砍除重病竹株，剪除病枝并清出林外烧毁。在早春，释放孢子前收集病枝、叶集中销毁。

（3）适时松土施肥，促进绿竹生长健壮，增强竹林抗病能力。

（4）可在7—8月上旬叶片刚出现灰白色病斑时，喷洒1︰1︰100波尔多液，或75%百菌清，或50%甲基托布津500倍液，每隔10～15 d喷1次。

7.8　竹丛枝病

竹丛枝病又称竹扫帚病，发病时病枝节间短，侧枝丛生成鸟巢状，或成团下垂，枝上有鳞片状小叶。每年4—6月份，病枝梢端叶鞘内产生白色米粒状物，此为病原菌的子实体。绿竹受害后，生长衰弱，竹笋减少，重者可导致整竹枯死。

7.8.1　病　原

竹丛枝病是由子囊菌亚门球壳目麦角菌科的瘤痤菌侵染所致。病菌的分生孢子和子囊孢子均有萌发能力，病菌潜伏在活的丛枝或芽内越冬，翌年春、秋两季产生孢子，经风雨传播，或随病母竹迁移传播。

7.8.2　防治方法

（1）加强绿竹林的抚育管理，适时培土施肥，促进新竹生长。

（2）按期砍伐老竹，尽早剪除病枝，砍除重病竹，并清出林外烧毁。

（3）每年发病初期，竹枝喷洒波尔多液，预防病菌感染。4—6月份，用粉锈宁300倍液或50％多菌灵500倍液喷洒2～3次。

7.9　冻　害

7.9.1　症　状

绿竹受冻后，组织细胞失去活性，随即死亡。冻害轻者，竹秆上的隐芽、竹梢首先受到为害，10～15 d后隐芽变色、变瘪至死亡，竹梢外表由绿色向暗紫色发展。冻害重者，竹秆变暗紫色并积水，之后或腐烂或干枯。绿竹冻害以嫩竹为重，竹梢、新竹容易受害（图7-32）。绿竹冻害的程度与气温的高低，温度变化的快慢，植株自身的生长时间，竹林的地形等因子存在较大的相关性。

图 7-32　受冻害竹林

7.9.2 防控方法

（1）提早母竹留养时间，留竹时间越早植株就越早成熟，8月中旬以前留的绿竹，当年就会抽枝展叶，抗寒能力较强。

（2）推迟老竹采伐时间，利用老竹的枝叶形成物理上的保护层，有较大的作用，并且不增加竹林用工。

（3）在秋肥（养竹肥）中适量增加磷肥、钾肥。

（4）绿竹林受冻后，应该加强春季的肥水管理。绿竹的冻害一般较难为害竹秆基部、竹蔸，因此，冻害严重时，应该加强对新萌发的植株的抚育管理（图7-33）。

图 7-33　冻害后萌发新竹

7.10　风　害

7.10.1　症　状

绿竹枝叶繁茂，受风面大，大风中，当竹秆的弯曲度超过其弹性限度时便发生折裂。绿竹的风害多见折、裂，由于绿竹为丛生竹，竹蔸坚固，因此倒伏较少（图7-34和图7-35）。

图 7-34　风害竹林 1

图 7-35　风害竹林 2

7.10.2 防控方法

(1)在绿竹林四周种植乔木或乔木林带,减少强风对绿竹林的为害。

(2)竹林四周增加丛密度,自身形成一定的防风林带。

(3)风害后即时砍除折倒竹。

7.11 开 花

7.11.1 症 状

绿竹即将开花时会出现生长出比正常叶小的新叶等现象。开花时首先发生在个别植株上或植株上的个别枝条,后或蔓延至全植株、全丛(图7-36)。开花后一般陆续死亡,个别植株仍继续其营养生长。

图 7-36　开花的植株

7.11.2 防控方法

(1)对未开花的竹林加强抚育管理,改善水肥条件,防治病虫害等,以促进其营养生长,推迟竹林或竹丛的衰老过程。

(2)对已开花的绿竹,要及时砍去,以减少竹蔸的营养消耗。

7.12 生物利用

生物防治包括天敌昆虫的利用、鸟类保护与招引以及昆虫病原微生物利用3种。

目前在绿竹害虫防治中,天敌类防控研究较少。天敌昆虫主要有瓢虫类、部分小蜂类和草蛉类,瓢虫类、草蛉类是介壳虫类、蚜虫类的主要天敌,小蜂类是蛾类的主要天敌。绝大多数鸟类是昆虫的天敌(图7-37和图7-38),因此保护绿竹林及其周边的鸟类,还可以用人工悬挂鸟箱招引鸟类,促使鸟类在林中捕食害虫。在昆虫病原微生物利用方面,目前主要是白僵菌的应用。

图 7-37 瓢虫

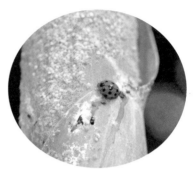

图 7-38 瓢虫与竹蚜虫

参考文献

[1]刘巧云,黄翠琴.竹类病虫害诊治图谱[M].福州:福建科学技术出版社,2008.

[2]马爱国.林业有害生物防治手册[M].沈阳:辽宁科学技术出版社,2009.

[3]萧刚柔.中国森林昆虫[M].北京:中国林业出版社,1992.

[4]詹祖仁,魏开炬,张龙华,等.福建省绿竹害虫记述[J].亚热带植物科学,2013,42(04):329-333.

[5]赵江涛,于有志.中国金针虫研究概述[J].农业科学研究,2001,31(03):49-55.

[6]朱勇,邱晓东.绿竹新害虫篁盲蝽的形态及其为害症状[J].世界竹藤通讯,2011,9(02):45-46.

[7]朱勇,蔡秀珠.尤溪县园林绿化树种冻害调查[J].林业科技开发,1994(02):39-40.

第8章 绿竹笋采收与笋营养

正确的绿竹笋采挖方法不仅可以保证笋的质量，而且可以提高劳动效率以及将来的竹林产量。绿竹笋含有17种氨基酸，其中人体必需氨基酸7种。

8.1 绿竹笋的采收

8.1.1 笋的采挖时间

绿竹林如能科学经营，普遍产量很高，成林的绿竹，每年每株产笋量0.5～3.0 kg；每丛产笋量10～20 kg，高的可达50 kg；每亩一般可产笋800～1 000 kg，最高可达2 000 kg。因此，采笋是经营绿竹林中的重要生产活动。对面积具有1 000 m² 以上的绿竹林，通常每天都要进行采笋（图8-1）；对某一丛来说，一般2～3 d采收一次。

图8-1 采笋

　　绿竹笋的采收一般掌握在笋尖破土至笋尖露出土面3～5 cm时。笋的采收要适时,采笋过早,笋体小,产量低;过迟,虽笋体大,但暴露在空气中的笋体过长(笋尖长出土面过长),笋质差,笋头老化,笋的可食率也降低。

　　绿竹出笋期间,一般每片(丛)绿竹隔3～5 d采笋一次,出笋初期、末期每隔5 d采笋一次,盛期每隔3 d采笋一次,各片(丛)绿竹轮流采挖。

　　每日采笋时间各地习惯不同,或根据需要选择,有的在凌晨3：00～5：00,这种采笋通常在采后直接进入当地早上的蔬菜市场;有的在上午7：00～10：00,这种采收多用于提供加工,采收后直接被收购进入冷库保鲜;有的在黄昏17：00～19：00,这种采收多用于外地市场销售,采收后夜间加工、夜间运输,次日进入市场。绿竹笋生长在夏季,很不耐贮存。7月、8月气温高时, 采出的笋12 h左右伤口开始变色,24～48 h开始腐变。由于当日采挖的绿竹笋刀口、箨叶、箨鞘光泽度都很好, 最受欢迎,因此对用以鲜食出售的笋,最好在出售的当日采挖,即清晨采挖之后立即运输出售。采挖量大时,当日采挖很不易做到,可以在出售的前一日傍晚采挖。

　　绿竹笋从采挖到销售之间的时间长度对价格影响很大, 时间越短,价格就越高。有些地区,人们认为绿竹笋在前几个小时里,每个小时笋的鲜味都有较大的变化,这种认识存在夸大现象。

8.1.2　笋的采挖技术

　　绿竹采笋需要特定的工具,目前各地采笋工具有3类(见8.1.4采笋工具):一为采笋刀与采笋锄组合,二为采笋刀与锤组合,三为单独采笋镰。

　　采收绿竹笋的流程为:找笋→刨土→切断→取笋放置→回土。

1. 找　笋

　　由于采收状态的绿竹笋处于未露出土面或露土5 cm以下, 因此,在户外无论颜色方面还是大小方面都较难识别和发现笋体。竹林内的绿竹笋在清晨的时候,笋尖周围会出现直径几厘米的湿润土壤,如

果笋尖尚未露出土面，其顶部土
面也会出现湿润的斑块（图8-2），
这是各地农户找笋的主要识别
特征。

图 8-2 湿润的斑块

2. 刨 土

找到绿竹笋后，由于绝大部
分或全部的笋体位于土壤之内，
因此采笋时必须先扒开竹笋体周
围的土壤，才能找到笋体并进行切断动作。刨土无须至笋体完全暴露
出土面，要根据具体情况决定刨土程度，只要可以判断笋体的位置、笋
芽的位置以及可以完成切割的动作即可。刨土过多增加劳动量，过少
影响采笋的质量，容易出现采笋的位置不对，容易造成笋的机械伤增
加等。

目前各地刨土的方法存在较大的差异，造成采收的劳动强度、效
率有较大的不同。推荐使用采笋刀与采笋锄组合做采笋工具（图8-3
和图8-4），不推荐采笋刀与锤子组合做采笋工具，前者组合可用采笋
锄进行刨土，后者只能用采笋刀进行刨土，前者为优。

图 8-3 刨土

图 8-4 使用工具采笋

3. 切 断

使用采笋刀沿笋基的中部割断。采笋时，还要注意不要损伤其他
竹蔸、笋蔸的笋芽，同时注意保护正在生长中的笋。

由于笋蔸有再发笋能力（当年或第二年再发笋），笋蔸保护完好对
提高绿竹林的笋产量有很大意义，因此采笋时笋基要尽量多地留下作

为笋箨,但笋基保留多了会影响绿竹笋的重量和外观。切断位置以笋体最大直径处向下1～3 cm的位置,或以保留笋箨2～4个笋芽为判断标准。需要注意的是,切断时要防止笋柄与笋母竹连接点撕裂(图8-5和图8-6)。

有的农户采笋时怕麻烦不用采笋刀,直接使用锄头挖取。由于锄头长、大、钝,采笋时有以下缺点:①难于保留较完整的笋箨;②易损伤笋体和其他竹笋;③竹丛内围的采挖笋不易操作,因此,要尽量使用采笋刀采笋。

图 8-5 采笋 1

图 8-6 采笋 2

4. 取笋放置

绿竹笋切断后(图8-7),首先将其放置在一个临时容器(袋)内,这个容器较为轻便,如编织袋、竹篮等,待笋的重量积累至10～15 kg后,再集中到更大的容器搬运。单人采挖者通常随身带3种物品,即笋锄、笋刀和小容器(袋)。小容器最好选择质地相对细腻的袋子,在竹林内移动时减少笋体与容器、笋体与笋体之间的碰撞、摩擦,进而减少绿竹笋的机械损伤。

图 8-7 采好的竹笋

5.回　土

绿竹采笋后切口有少量的伤流，如果随采随封，易使切口感染腐烂，使出笋量减少。因此，采后最好不要马上覆土（或称封土），而应在采笋后数天，待切口自然干后再覆土，这样笋蔸会有更多的笋芽保持发笋能力。

由于前期笋的市场价格较好，因此可以将前期笋大部分采割，但对树势较弱、笋体健壮、长在空隙的笋应予以保留。竹林最好保留中期笋做母竹，健壮的晚期笋也可适当保留，作为中期笋留养母竹的补充，同时也可作为次年的竹苗。在同一株母竹中，一般只能留1～2个笋做母竹。对中期笋采收也应做到留大去小、留健去弱、留稀去密、留深去浅，即选择较健壮、分布较深、长在立竹较稀地方的笋作为培养母竹的对象，只有这样才能保证来年的丰产、高产。

8.1.3　绿竹笋的搬运和整理

1.搬　运

绿竹笋切断后，首先将其放置在一个临时容器（袋）内，然后再集中到更大的袋子内搬运，最后通过农机等运输工具送至厂房（图8-8～图8-11）。不同的绿竹产区，搬运的习惯有所不同，袋子、集中次数、搬运农具等都或多或少存在差异，其方法的科学性及生产效率有所区别。

图8-8　林内搬运

图8-9　路边集中

图 8-10　竹林工棚

图 8-11　竹笋运输

2. 清 洗

绿竹笋是地下茎，从土壤中挖取，因此不可避免地粘带泥土等杂物。销售鲜笋时，国内（尤其产地）的农贸市场，或因习惯一般没有进行清洗而直接进行贸易。产地的农贸市场销售绿笋带泥进行，是因为人们认为清洗对绿竹笋的保鲜会带来负面影响，同时，购买者需要以笋体所带的泥作为指示物，观察泥土的颜色、质地，用于辨别该笋产自红壤土、沙质土、菜园土等。不过近年进入超市销售的绿竹鲜笋大多是在清洗后销售的。

清洗过程会带来（增加）一定程度的机械伤是肯定的，不过冷藏基本可以消除这些机械伤造成的不良影响。

绿竹笋的清洗有人工清洗和机械清洗两种方法。人工清洗是将绿竹笋置于流动的水池中（图8-12），利用笋体漂浮的特性，用竹扫把进行拌动、剐蹭，将泥土去除。人工清洗要两个水池以上，一池做初洗，另一池做二次清洗（图8-13和图8-14）。机械清洗机是由安装在内壁上的多个带粗硬毛刷的滚筒组成，竹笋装入清洗仓后，滚筒向统一方向转动，带动竹笋翻动，同时毛刷剐蹭笋体，在水的冲洗下达到清洗的效果（图8-15和图8-16）。该方法清洗速度大于人工清洗。

图 8-12　清洗池

图 8-13　人工初清洗

图 8-14　人工二次清洗

图 8-15　机械清洗机 1

图 8-16　机械清洗机 2

3. 去　头

　　绿竹笋采挖后一般带有一定长度的"老头"，这部分老头维管束老化，木质素形成，不能食用，必须切除，此过程叫绿竹笋的去头（图8-17）。绿竹笋带头的主要原因：一是采挖时不易判断头的位置，或能判断但不易操作；二是采挖的不良习惯；三是一定的老头有利于鲜笋的保鲜。

图 8-17　切除竹笋老头

　　绿竹笋的老头在整个笋体中的占比较大，达重量的20%～40%。笋的老头部分越大，保留在土壤中的笋芽就越少，进而减少产量，同时增加挖笋的强度、运输的成本，还降低了笋的可食率，造成供需之间的价格矛盾，以及加工的废弃物增加（图8-18）。因此，提高采挖的科学知识，改进采挖的技术具有较大的现实意义。

4. 分级、上市、入库

绿竹笋采挖后经过清洗、去头后，根据笋的大小、外形、完整情况等因素进行分级，不同等级的笋，市场售价不同。分级后的笋或打包上市销售，或入库等待运输、加工。

图 8-18　笋老头、笋箨等残渣

目前福建省、浙江省分别制定了省地方标准，福建省标准的分级指标见附件5——《绿竹笋》DB 35/568—2004,浙江省标准的绿笋分级指标为资料性附录（表8-1），生产中根据具体情况选择参考其中之一标准。

表8-1　绿竹笋质量分级指标

等　级	外观要求	大小规格 /（千克 / 只）
特级	色泽金黄，笋体切面光滑鲜嫩，笋形优良，新鲜幼嫩，无损伤	＞ 0.75
一级	无病虫害，笋尖无青绿色，无拔节	≥ 0.50 ～ 0.75
二级	形态完整，整洁，无损伤或微损伤，新鲜幼嫩，笋尖无青绿色	0.3 ～ 0.5
三级	形态完整，微受损，笋尖有少许青绿色	0.2 ～ 0.5

注：浙江省地方标准DB 33/T 343—2015,附录B。

8.1.4　采笋工具

1. 采笋刀

采笋刀亦叫笋刀、采笋铲、笋铲等（图8-19和图8-20），主要用于凿断土壤里的绿竹笋。采笋刀由3个部分组成，即铲刀、木柄和顶封。

采笋刀为金属，宽10 ～ 13 cm，长25 ～ 35 cm （刀体10 ～ 15 cm,柄体15 ～ 20 cm),刀体与柄体形成约15° 的夹角；木柄长25 ～ 30 cm,直径2.5 ～ 3.5 cm;顶封为铁制环状圈，戒指状套在木柄的顶端,意在增加木柄的抗击打能力。

图 8-19　A 型采笋刀 1　　　　　图 8-20　A 型采笋刀 2

不同地方的采笋刀形式、大小有所不同(图8-21和图8-22),可以根据自己的习惯进行调整定制。

图 8-21　B 型采笋刀　　　　　图 8-22　C 型采笋刀

2. 采笋锄

采笋锄亦叫小锄头、笋锄等(图8-23和图8-24),主要用于挖开土壤以及敲打采笋刀。采笋锄由3个部分组成,即锄头、锤体和木柄。

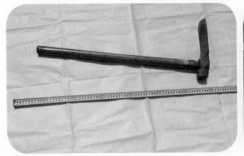

图 8-23　采笋锄　　　　　图 8-24　锤体、环状圈

采笋锄的重要特点是头部带有锤体，锄头长12 ～ 15 cm，宽5 ～ 8 cm；锤体体积约5 cm×5 cm×5 cm；木柄长45 ～ 55 cm。

3. 采笋镰

采笋镰亦叫笋刀、割笋刀等（图8-25和图8-26），主要用于采笋。采笋刀由两部分组成，即镰刀和刀柄。采笋刀的重要特征是刀体弧形，弧形内侧为锯齿，外侧的前半部分为刀锋。刀内锯齿主要用于锯断绿竹笋，刀的刀尖及刀背的刀锋主要用于刨土及切断笋体。

采笋镰的金属部分长25 ～ 30 cm，木柄长35 ～ 45 cm。

图 8-25　采笋镰

图 8-26　采笋镰的使用

8.2　绿竹笋营养成分

绿竹笋在不同区域和不同时期，其营养成分的含量略有变化。以表8-2为例，在尤溪、福安、古田2008年的样品中检测到蛋氨酸，且含量较高，为0.3 g/kg；在古田2006年的样品中却没有检测到；在色氨酸方面，前3个样品没有检测到，可在后者却有检测到。从文献资料看，不同的文献里，绿竹笋的成分检测结果也有不同。王月英认为不同的施肥可以促进绿竹笋的可溶性总糖、还原糖、蔗糖、粗蛋白含量达显著差异，对氨基酸的含量也有一定的影响，施肥还降低了笋体的粗纤维含量，增加了笋体的脆嫩度。肖丽霞的研究表明，施肥可提高笋内含营养物含量（糖含量降低），但有机肥、复合肥和无机肥产生的影响差异不显著。

8.2.1　营养成分含量

对尤溪、福安、古田的4个样本的营养成分含量的测定结果（表8-2）显示，绿竹笋的平均含水率达91.75%，蛋白质含量2.23%，粗纤维含量0.77%。不同样地的绿竹笋其含水率、粗纤维含量范围分别为91.30%～92.30%，0.70%～0.80%，其含量差异小。但是，总糖含量差异较大，在1.10%～2.40%之间；蛋白质有一定的差异，在2.00%～2.50%之间。

表8-2　不同绿竹笋样品的营养成分含量　　　　　　　　(%)

测定项目	尤 溪	福 安	古田 2008	古田 2006	含量均值
水分（water）	91.70	91.70	91.30	92.30	91.75
蛋白质（protein）	2.40	2.50	2.00	2.00	2.23
脂肪（fat）	0.50	0.50	0.50	0.41	0.48
总糖（sugar）	2.20	1.10	2.40	2.20	1.98
粗纤维（crude fiber）	0.70	0.80	0.80	—	0.77
氨基酸（amino acid）	2.05	1.45	1.83	1.67	1.75
灰分（ash）	1.00	1.00	0.80	0.63	0.86

注：总糖以葡萄糖计。

8.2.2　氨基酸含量

绿竹笋的氨基酸含量特点为：含有17种氨基酸，其中天冬氨酸、谷氨酸最多，氨基酸总含量平均约为1.76 g/kg。

各种氨基酸含量测定结果见表8-3，表明，在8种人体必需的氨基酸中，绿竹笋含有7种，所缺之一的必需氨基酸——色氨酸仅有0.006 g/kg，由于含量最低，因此有时不能检测到。胱氨酸含量0.038 g/kg，仅次于色氨酸的含量。最多的前两种氨基酸是天冬氨酸、谷氨酸，其含量分别在2.000～4.500 g/kg和2.300～3.700 g/kg，其均值分别为3.202 g/kg和3.175 g/kg。

表8-3　不同绿竹笋样品中氨基酸的含量 　　(g/kg)

序号	氨基酸名称	尤溪	福安	古田 2008	古田 2006	含量均值
1	亮氨酸 Leu. *	1.200	1.000	1.100	1.500	1.201
2	赖氨酸 Lys. *	1.200	0.700	1.100	0.900	0.975
3	缬氨酸 Val. *	0.900	0.800	0.900	0.950	0.888
4	苏氨酸 Thr. *	0.800	0.800	0.700	0.620	0.731
5	苯丙氨酸 Phe. *	0.700	0.700	0.600	0.380	0.595
6	异亮氨酸 Ile. *	0.700	0.500	0.600	0.470	0.568
7	蛋氨酸 Met. *	0.300	0.300	0.300	—	0.300
8	色氨酸 Try. *	—	—	—	0.006	0.006
9	组氨酸 His.	0.300	0.300	0.300	0.210	0.278
10	天冬氨酸 Asp.	4.500	2.000	3.600	2.700	3.202
11	谷氨酸 Glu.	3.700	2.300	3.400	3.300	3.175
12	精氨酸 Arg.	1.400	1.300	1.400	1.800	1.475
13	丝氨酸 Ser.	1.200	1.000	1.000	1.300	1.125
14	丙氨酸 Ala.	1.200	0.700	1.100	1.100	1.025
15	甘氨酸 Gly.	0.800	0.800	0.800	0.590	0.748
16	脯氨酸 Pro.	0.800	0.600	0.800	0.660	0.715
17	酪氨酸 Tyr.	0.700	0.700	0.600	0.240	0.560
18	胱氨酸 Cys.	0.050	0.040	0.040	0.020	0.038
	氨基酸总含量（total）	20.450	14.54	18.34	16.74	17.591
	必需氨基酸含量	5.800	4.800	5.300	4.830	5.261
	必需氨基酸含量占比	0.284	0.330	0.289	0.288	0.299

注：*为必需氨基酸。

8.2.3　微量元素及维生素含量

绿竹笋的磷、铁、钙含量均值分别为434.5 mg/kg，8.6 mg/kg，86.3 mg/kg，维生素C含量为73.0 mg/kg。

不同取样地点的绿竹笋样品的各种微量元素含量的测定结果见表8-4。测定结果表明，绿竹笋的磷含量较高，但磷、钙的含量，不同样地的差异较大，磷的差异在一倍以上，福安市样本的含量为570.0 mg/kg，而古田县2006年选取的样本的含量仅为258.0 mg/kg。钙含量的差异也较大，同为古田县（取样地点不同）的绿竹笋2008年的钙含量比2006年的高48.00%。维生素含量方面，分析结果显示绿竹笋主要含维生素C，维生素E，B_1，B_2，B_3含量很低。

表8-4   不同绿竹笋样品的微量元素含量   （mg/kg）

微量元素名称	尤 溪	福 安	古田 2008	古田 2006	含量均值
磷 P	520.0	570.0	390.0	258.0	434.5
铁 Fe	8.0	9.0	9.0	8.3	8.6
钙 Ca	96.0	63.0	117.0	69.0	86.3

8.2.4 营养成分地位

绿竹笋的蛋白质含量约2.23%，与毛竹春笋（约2.45%）相比略低些。据资料显示，丛生竹的蛋白质含量大多在2.0%～2.5%这个区间，而散生竹的蛋白质含量大多比丛生竹高，在2.8%～3.3%之间，一些较常见的蔬菜的蛋白质含量1.5%左右。归结起来绿竹笋的蛋白质含量处在丛生竹的中等水平，比散生竹含量低，与蔬菜相比较高。

绿竹笋的含水率占91%以上，灰分含量约0.8%，与毛竹春笋（约0.78%）相近。据资料显示，绿竹笋的灰分含量处在丛生竹的平均水平，但比散生竹、蔬菜相比含量低。

参考文献

[1]雷波.台湾绿竹笋叶中营养成分分析［J］.宜春学院学报，2007，29（04）：73，83.

［2］刘碧桃.浙南绿竹笋产量与品质影响因素研究［D］.北京:中国林业科学研究院,2011.

［3］王月英,金川.丛生竹培育与利用[M].北京:中国林业出版社,2012.

［4］肖丽霞.绿竹笋采前品质相关影响因素和采后生理特性研究[D].北京:中国农业大学, 2005.

［5］杨校生,谢锦忠,马占兴,等.17种丛生竹笋的感官与营养品质评价[J].林业科技开发,2001(05):16-18.

［6］郑蓉,郑维鹏,方伟,等.绿竹笋形态性状与营养成分的产地差异分析[J].浙江林学院学报, 2010, 27(06):845-850.

［7］郑郁善,高培军,陈礼光,等.绿竹笋营养成分及笋期叶养分的施肥效应[J].林业科学, 2004, 40(06):79-84.

［8］朱勇,罗朝光,等.绿竹笋营养成分的测定与分析[J].经济林研究,2012,30(03):103-105.

第9章　绿竹笋保鲜与加工

绿竹笋的保鲜有传统保鲜、物理保鲜和化学保鲜。绿竹笋的加工方式有笋干加工、罐藏加工、真空保鲜笋及调味腌制类加工等。

9.1　笋贮藏保鲜

清晨采挖的绿竹笋到了下午，笋体的色泽明显变差，有的开始出现笋箨微皱，切口干燥，维管束显露等现象。采收后的绿竹笋依然是一个活的有机体，整个笋体尚在不断地进行着各种各样的生理活动，有的生理活动还较采收前大大加强，如呼吸作用、木质化进程等（图9-1）。绿竹笋的采后呼吸作用、木质化等的生理变化以及水分散失，严重影响到营养物质含量以及竹笋的感官变化，进而导致绿竹笋食用价值降低和贮藏期减短等。

绿竹笋产在夏秋季节，产笋期间的日均温大多在25 ℃以上，因此绿竹笋的贮藏保鲜相当困难。采挖后的绿竹笋，在常温下，一般只能贮藏24 ～ 36 h，故必须当天食用，否则笋的品质和鲜度便会有所下降。

图 9-1　选切后装箱的鲜笋

　　绿竹笋贮藏保鲜的研究目前尚未取得大的进展,根据研究和民间经验,并结合毛竹笋的贮藏保鲜方法,分成传统保鲜、物理保鲜和化学保鲜3种类型进行阐述。

9.1.1　传统保鲜

1. 沙　藏

　　将绿竹笋置于荫凉处,用一定湿度的沙填满笋与笋之间的空隙,这种方法叫沙藏。沙藏保鲜绿竹笋,可以延长2 d左右的时间。沙藏使用的沙不能太干,也不能太湿,以久置不滴水为宜。沙藏起保湿作用,同时在一定程度上抑制呼吸作用。

2. 地窖贮藏

　　夏季地窖内的温度低,湿度大,具有一定的保鲜效果。地窖贮藏、沙藏等都是各地民间保鲜食物的常用方法。

3. 减少机械伤

　　绿竹笋受到机械损伤后生理呼吸大大增强,同时机械伤口增加了细菌感染的概率,机械损伤越大,呼吸作用就越强,细菌感染的概率也越大。采收时割笋造成的机械伤(切口)是不可避免的,而其他环节的损伤是可以避免的。

　　减少绿竹笋机械损伤的方法应从采收过程、采后运输及清洗3个环节着手。主要经验有:使用采笋刀采笋,以提高采笋质量;采收时用袋子一类软质容器存储,减少笋与器皿,笋体与笋体之间的剐蹭;采笋后小心搬运,减少摔碰;小容量分装,破损的笋另装。

4. 多带笋柄

　　保留一定长度的笋柄,即采挖时从绿竹笋的笋柄处切下,贮藏保鲜效果普遍较好,常温下相对可延长保鲜时间2 d以上。这可能是由于笋柄的木质化程度高,病菌不易繁殖,同时带有笋柄的笋切口小,感染面小。但这种采笋方法,在笋被采挖后,由于没有留下笋蔸,因此就不再有笋蔸上的笋芽用于发笋,对绿竹的产笋量带来不良影响。

5. 减少水分蒸发

　　减少采后的笋水分蒸发,可以提高绿竹笋的鲜度。将挖出的笋置于阴凉处，或置于具有一定透气性的包装袋内，或将笋尖朝上，切口浸水，或整个笋浸在流动的水中，可在一定程度上补充笋体的水分蒸发，达到保鲜效果。

9.1.2　物理保鲜

物理技术保鲜法较化学技术保鲜法大多有成本低，省时省工，受外界环境影响小的特点，同时，还有无化学污染，不破坏食品营养结构和自然风味等诸多优点。

1. 冷藏保鲜

绿竹笋采挖后，因为夏季高温等缘故，所以必须尽可能且尽快地进入低温储运，以缓解老化、变质。绿竹产区就近建立冷库是十分必要的，笋加工、销售不及时需要冷库储藏，长途运输前的冷处理也需要冷库或冰库，产品加工后储藏亦需要冷库（图9-2）。

图 9-2　冷藏的鲜笋

绿竹笋的冷处理有两种方式，一种是冷气模式，另一种是冷水模式。冷气是通常说的冷库，即通过降低库内的空气温度进行；冷水是通过降低池水的温度进行。冷气模式冷库的管理和使用都更加方便，是目前广泛使用的冷藏方式。

在各种食品保鲜中，冷藏保鲜方法是各种保鲜方法中最常用、效果较好的一种，如毛竹笋、水果、蔬菜等保鲜，冷藏都是首屈一指的选择。

冷藏是利用低温抑制酶的活动，控制鲜笋的呼吸作用，保持绿竹笋生理代谢处在一个低水平状态，进而减少营养物质的消耗，达到保鲜效果。

陈明木的试验结果是在5 ℃，相对湿度94%的条件下，贮藏保鲜绿竹笋15 d。余学军的试验表明采用常温条件保存，笋体的呼吸速率增加很快，4～6 h时呼吸速率(CO_2)达到最高峰[163.81 mg/（kg·h）]，而用冰水预冷处理的绿竹笋在14～16 h时才达到最高峰[138.66 mg/（kg·h）]。

单纯冷藏易使绿竹笋失水，笋箨失去色泽，肉质口感变差，难以长时间保其商品价值。研究冷藏结合其他一些措施的保鲜方法已有一定进展，如1.0～4.0 ℃低温下结合聚乙烯（poly ethylene，PE）袋贮藏，时间达20 d以上。刘发忠采用营养液浸泡的方法对绿竹笋进行低温保鲜研究，结果表明采用营养液浸泡后，置于2.5 ℃的冷库中贮藏，并每隔1 d浇1次水处理的绿竹笋保鲜效果较好。

2. 气调保鲜

气调保鲜方法是用特定的透气性包装材料包装绿竹笋，或特定的气体混合物填充绿竹笋，使绿竹笋周围产生一个特定的气体环境，从而促使产品的呼吸强度维持在低水平的技术方法（图9-3）。气调保鲜贮藏法是使用普遍、效果较好的保鲜技术之一。

气调保鲜贮藏法中的包装材料具有一定透气性，甚至对所透气体的种类、数量具有一定的选择性，使被保鲜贮藏

图9-3 气调保鲜

的绿竹笋建立一个较适宜的气体平衡,调节绿竹笋的储藏气体环境。

气调保鲜中包装袋内主要的气体是CO_2,N_2,O_2,高浓度的CO_2能够抑制微生物的繁殖,具有防霉和防腐作用;O_2是维持新鲜果蔬采后呼吸代谢作用必不可少的一种气体,适量的O_2可抑制大多数厌氧腐败细菌的生长繁殖;N_2是一种惰性气体,一般不与食品发生化学作用,并无毒无味,主要用作填充气体。

陈盈采用6种不同包装材料,研究了它们对绿竹笋贮藏保鲜效果的影响,结果表明:用不同包装材料[食品用包装纸袋、真空包装袋、铝箔、PE保鲜膜、聚偏二氯乙烯(polyvinylidene chloride, PVDC)保鲜膜]对绿竹笋进行包装处理,均能提高绿竹笋的感官品质,提高绿竹笋的可食率,降低水分散失和蛋白质的损耗,并能抑制笋体中多酚氧化酶(polyphenol oxidase, PPO)、过氧化物酶(peroxidase, POD)和苯丙氨酸解氨酶(phenylalaninc ammonia lyase, PAL)的活性,其中以真空包装袋效果最佳。

3. 其他保鲜法

(1)臭氧保鲜法。臭氧是氧的同素异形体,在常温下它是一种有特殊臭味的气体。臭氧具有强的氧化杀菌特性,且安全无毒,无化学残留,在空气和水中会逐渐分解成氧气,是良好的杀菌防腐剂,被广泛应用于食品保鲜与加工领域。臭氧处理保鲜绿竹笋能明显抑制蒸腾作用,减少营养成分和风味的损失,且能够去除由于细菌引起的异味,提高绿竹笋的鲜度。根据顾青对雷竹笋的试验,采用臭氧处理,4 ℃下贮藏可显著抑制PPO的活性和丙二醛的生成,降低呼吸强度,延长保鲜期25 d以上。

(2)微波处理保鲜法。利用微波快速杀菌和快速杀灭绿竹笋中的酶活性,从而达到保鲜的目的。

(3)磁场处理保鲜法。磁场保鲜贮藏技术的原理是应用低频磁场对微生物的抑制作用来实现保鲜的。磁场保鲜法与传统的保鲜方法相比,对食物的营养成分破坏少,对食物不造成污染。

9.1.3　化学保鲜

1. 化学药剂类

化学药剂类保鲜主要原理是抗氧化处理，使用抗氧化剂抑制鲜笋的氧化作用而达到保鲜效果。常见的抗氧化剂有0.8%～1.2%的焦亚硫酸钠、0.3%的苯甲酸钠、3%的柠檬酸和0.8%的食盐以及维生素C等，抗氧化剂通常按一定的比例混合使用效果较好。

沈玟将绿竹笋置于5 mmol/L草酸溶液中浸泡10 min，晾干后在（4±0.5）℃条件下贮藏，结果显示草酸处理抑制了竹笋切面的褐变，延缓了笋肉木质纤维化（图9-4）。以山梨酸钾、氯化钠、柠檬酸和羧甲基纤维素钠组成的9种化学保鲜剂为试验，

图 9-4　市场待售竹笋

结果以1.0%梨酸钾+1.0%氯化钠+0.2%柠檬酸+1.0%羧甲基纤维素钠配制成的复合保鲜剂的保鲜效果最好。

2. 涂抹保鲜法

在笋表面涂一层特定的薄膜，这种方法叫涂抹保鲜法。涂抹保鲜法是通过阻塞笋体表面的气孔来抑制笋体与空气的气体交换，从而降低呼吸强度，减少水分散发和营养物质消耗，并抑制笋体木质化，达到改善笋的品质和外观，提高其商品价值的方法。涂膜还可作为防腐剂的载体，加入防腐剂可防止微生物的侵染，尤其对减轻表皮的机械伤具有保护作用。目前，主要的涂膜材料有壳聚糖及其衍生物魔芋葡甘聚糖和植酸等。

赵宇瑛试验将带笋箨绿竹笋用1.5%壳聚糖溶液(壳聚糖溶于5 mmol/L草酸)涂膜处理后，贮藏在4 ℃、相对湿度85%～90%的冷

库中，结果表明壳聚糖涂膜可显著延缓绿竹笋的硬度，纤维素和木质素增加的速率，减少总糖的消耗，抑制PAL和PPO的活性，有效降低采后绿竹笋的木质化程度和褐变指数，保持笋肉的良好品质，冷藏10 d的绿竹笋腐烂率＜5%，可食率＞95%。

陈明木等用魔芋葡甘聚糖、壳聚糖、亚硫酸钠单独和组合配方，对绿竹笋进行涂膜，在5 ℃、相对湿度94%的条件下，贮藏保鲜15 d，结果表明0.2%魔芋葡甘聚糖+2%壳聚糖+0.1%亚硫酸钠保鲜竹笋感官最好，其组合能抑制PAL的活性，减少笋体的失重率及呼吸强度和纤维素的生成，能抑制绿竹笋纤维化，具有较好的保鲜效果。

以魔芋胶、壳聚糖和柠檬酸组成的9种生物保鲜剂中，以1.5%魔芋胶+2.0%壳聚糖+0.1%柠檬酸配制成的保鲜剂涂膜保鲜效果最好。

另外，夹放活性炭或生石灰是一种简易的保鲜方法。具体做法是用能透气的纸袋装入10 g左右的活性炭或生石灰，将这种纸袋与装箱（袋）的鲜笋同放置，量一般为每两千克绿竹笋10 g左右，这种保鲜方法有一定的保鲜效果。

9.2　绿竹笋加工

9.2.1　笋的去粗

1. 去　箨

绿竹笋的大批量去箨作业，通常发生在企业制作绿笋干和加工罐头笋的过程中。绿竹笋去箨目前还只是手工进行，方法是用刀的根尖从笋的基部向笋尖方向直线或弧线划动，刀下压的力量由轻渐重，力度以划破笋箨为宜。当刀划至距笋尖1/4～1/5处时，猛力下压，切断笋尖，并转动刀身和笋体，剥离笋箨。熟练工人3～5秒完成一个笋的去箨工作。

通常先去头后去箨，去头、去箨一般由同一个人并一次性（前后）完成（图9-5和图9-6）。

图 9-5　去头

图 9-6　去箨

2. 修　整

绿竹笋去头、去箨后,由于带有笋衣、"老皮",在加工时还需要去除(图9-7～图9-9)。

图 9-7　修整 1

图 9-8　修整 2

(3)工　具

在去头、去箨、修整方面,绿笋产业的生产者在长期的实践中,创造了有两种较为先进的工具,一种用于去头及去箨,俗称"笋用大刀"或"大刀"(图9-10),另一种为修整工具,俗称"笋用小刀"或"小刀"(图9-11)。

去箨与去头用刀为同

图 9-9　修整后竹笋

图 9-10 大刀   图 9-11 小刀

一把,为"大刀",刀具特制,较重,与剁骨刀相当;刀体长约21 cm,宽约11 cm。其重要特征是刀的根尖向后拉伸1.0 ~ 1.5 cm。

修整的工具为"小刀",小刀的刀体长约18 cm,宽约4 cm。

9.2.2 绿笋干

将农产品、水产品加工成干制品可追溯到远久的古代,绿笋干在产区同样已有很久远的历史。绿笋干是绿竹笋加工中时间上最早、方式上最普遍的产品。加工设备简易,加工技术不高,对原材料要求不严,这些特点都是加工绿笋干的优越之处。

绿竹笋加工成绿笋干后,虽然失去其鲜味,却增加了香气,其滋味更加绵长,口感别具一格;其高纤维素、低脂肪又与现代人的饮食追求十分吻合;绿笋干对绿竹笋露土较长而有苦味的笋尖部分还有去其苦味的效果;绿笋干具有1 ~ 2年的保质期,给流通、销售带来了极大的便利。

民间传统的绿笋干制作工艺流程:鲜笋→去头→去箨→清洗→蒸煮(热烫)→切片→晾晒(烘干)→封存。

在现代的加工工艺中,"蒸煮"(图9-12)环节后或增加"浸泡"环节,或增加"冷却"环节。

图 9-12 蒸煮

现代绿笋干制作工艺流程：鲜笋→去头→去箨→清洗→蒸煮（热烫）→浸泡（冷却）→切片→晾晒（烘干）→封存。

切片有全机械切片、半机械切片（人力机械切片）和手工切片（图9-13）。

绿笋干质量制作得好坏，主要在流程中的蒸煮（热烫）工艺和烘干工艺。

图9-13　人力机械切片

1. 蒸煮工艺

先蒸煮后切片，这种流程会增加蒸煮时间，但对保持笋片的滋味、脆嫩度有良好的作用。对蒸煮温度、时长以及烘烤时间的控制是影响绿竹笋干脆嫩、颜色、光泽的重要因素。

张伟光研究绿竹笋干制工艺中的护色剂配方、热烫时间和干燥温度，以及包装技术对绿竹笋干制品品质的影响，结果表明，沸水中热烫7 min，再经0.15%柠檬酸+0.02%乙二胺四乙酸二钠溶液护色浸泡3 min，于85～90 ℃干燥3 h后，再于60～65 ℃干燥4 h，能防止绿竹笋干制过程中的变色现象。

2. 烘干工艺

绿竹笋笋干的干燥主要有真空冷冻干燥和热风干燥，产地目前常用热风干燥，因为投资相对少。各地烘烤箱的外观有所不同（图9-14～图9-16），但原理相同。肖丽霞等对绿竹笋真空冷冻干燥和热风干燥笋干进行比较试验，从感官品质、复水性、营养成分等方面进行评价，结果表明真空冷冻干燥的笋干颜色接近新鲜绿竹笋，柔软平整，

图9-14　木制烘烤箱

图 9-15　砖砌烘烤箱　　　　　　　图 9-16　切片摆放

同时还有利于减少包装体积,其10 min内的复水比是7.68。热风干燥的笋干颜色为浅褐色,坚硬干缩,其10 min内的复水比是1.01。在维生素C含量方面前者为149.45 μg/g,高于后者的44.26 μg/g。以总体看,真空冷冻干燥的绿竹笋干其营养成分和风味物资损失很少,较大限度地保留了新鲜绿竹笋原有的营养和味道。

绿竹笋干有烘烤而成和日晒而成(图9-17和图9-18),民间主要用日晒方法。日晒绿笋干较黄,色泽较差。制成的绿笋干应即时保装封存(图9-19)。另外,真空包装能有效防止贮藏中绿竹笋干的变色。

图 9-17　笋干

图9-18 日晒笋干

图9-19 封存的笋干

9.2.3 罐藏类

长期以来,绿竹笋一直以鲜笋烹食为主要消费形式,绿竹笋的加工却较单一,很少像毛竹笋那样,加工成笋干、笋罐头或其他笋制品,其原因可能是由于人们的习惯以及绿竹笋的产量未形成较大的规模。自20世纪末,部分产区如福建的尤溪、浙江的瑞安开发生产绿竹笋罐头,并以外贸为主。不过多年来,绿竹笋罐头的市场并未得到很好的发展。绿竹笋罐头发展不好的主要原因:一是罐头食品市场的整体下降;二是产品本身的质量问题。产品问题表现在罐装绿竹笋色泽偏白,组织偏软,原味保留少,风味偏淡。

图9-20 笋罐

绿竹笋罐头除了马口铁罐罐头外(图9-20),还有复合薄膜袋罐头,复合薄膜袋罐头也叫"软罐头"。

1. 绿竹笋罐头工艺流程

原料验收→分级→去头、去箨→去粗修整→冲洗→预煮→冷却→检验→复煮→装罐(袋)→配汤→密封→杀菌、冷却→进库。

2. 绿竹笋罐头操作要点

【原料验收】除去病虫笋、霉烂笋等。

【分级】按笋直径大小、笋尖露土长度进行分级。

【去头、去箨】切除笋基的老头,剥离笋箨。

【去粗修整】削去部分笋的老熟外皮,以及笋衣。

【冲洗】将杂物、黏连的笋衣冲洗干净。

【预煮】水沸后,倒入笋只,加热至沸腾。预煮时间40～60 min。锅中水和笋的比例大约为1.0∶1.5,以浸没笋为度(图9-21)。

【冷却】预煮后把笋捞起,放入漂洗池中,用流动水冷却。

图9-21　电热蒸煮池

【检验】检验要求色泽:笋肉呈黄色,汤汁清晰。气味:有绿竹笋应有的清香味,无异味。形态:笋肉较嫩,切口平整。其他按相关标准执行。

【复煮】修整好的笋,按大小分别用纱布包好,置于沸水中煮10～12 min。

【装罐(袋)】空罐要经试漏、清洗、消毒后倒置备用,装罐趁热进行,每一罐中笋的大小要一致(图9-22和图9-23)。

图9-22　笋罐头1

图9-23　笋罐头2

在复合薄膜袋罐头方面,林姿等研究了从绿竹笋直径、汤汁柠檬酸浓度、杀菌时间3个主要因子对带壳绿竹笋软罐头品质的影响,结果表明,以直径4～8 cm的绿竹笋为原料,汤汁柠檬酸浓度1.0%～1.1%,按笋∶汤=4∶1的重量比装袋,常压杀菌30 min,这样的带壳绿竹笋软罐头的感官品质达到一级标准。

9.2.4　真空保鲜笋

真空保鲜笋复合薄膜袋罐头的主要特点是袋内不含汤汁。真空保鲜笋分成带箨保鲜笋与去箨保鲜笋（图9-24～图9-27）。真空保鲜笋的工艺和要求如下所述。

图 9-24　去箨真空保鲜笋 1

图 9-25　去箨真空保鲜笋 2

图 9-26　带箨真空保鲜笋 1

图 9-27　带箨真空保鲜笋 2

1. 工艺流程

带箨保鲜笋工艺：

原料验收→清洗→杀青→修整分级→装袋（罐）→抽气封口→灭菌→贮存。

去箨保鲜笋工艺：

原料验收→去头（剥壳）→清洗→修整分级→杀青→漂洗→（浸液）→装袋(罐)→抽气封口→灭菌→贮存。

2. 操作要点

【**修整分级**】带箨绿竹笋修整分级：切除笋基部粗老部分，要求保持切口平整，保持绿竹笋原有的马蹄形态，称重按笋只重量分级。

去箨绿竹笋修整：剥去笋壳，去除笋衣，切除笋基部粗老部分，整只装的要求切口平整，笋体形态完整。

【**杀青**】将清洗后的原料笋投入沸水中煮制25 ～ 45 min，后用流动冷水迅速冷却、漂洗到常温。

【**抽气封口**】0.096 MPa ～ 0.098 MPa抽真空（图9-28）。

【**灭菌**】杀菌温度控制在110 ～ 121 ℃，时间18 ～ 45 min，反压冷却到常温。

【**贮存**】袋装的宜在2 ～ 5 ℃冷藏保存，保质期18个月。铁罐装的宜在阴凉、干燥库房常温保存。

图9-28　真空机

9.2.5　调味腌制类

随着生活节奏的加快，人们更喜欢即开即食的方便食品，尤其是天然、保健、多味道的方便食品。近年来，竹笋生产厂家开发出了适应现代家庭消费需求的各种软包装、易拉罐等即食调味笋产品，较常见的有油焖笋、酱丁笋、笋蓉等。

腌制笋主要包括两大类：发酵型腌制和非发酵型腌制。发酵型笋是利用微生物的发酵作用，转化内含物，改变绿竹笋的色、香、味。同时，发酵可以抑制腐霉菌的生长，达到保鲜保质的作用。例如，酸笋就是利用乳酸菌的发酵作用改变笋的风味，同时利用乳酸菌产生的酸，抑制有害腐霉菌的生长。非发酵型笋主要是利用高浓度盐、糖等物质产生的高渗透压，保存笋制品的质量。非发酵型笋的盐、糖用量大约为笋重量的25%。

以某软装绿竹调味笋产品的加工工艺为例（图9-29），工艺流程和要求如下所述。

1. 工艺流程

鲜笋或水煮笋→切条(块)→蒸煮→冷漂→调味→装袋封口→杀菌→成品。

图 9-29 调味笋

2. 操作要点

【备料】新鲜绿竹笋或水煮笋。

【蒸煮】切条后,加入0.06%柠檬酸预煮40 ～ 50 min。

【冷漂】在流动水中冷漂2 h。

【调味】用熟生油、酱色液、白糖、盐、辣料、茴香、甘草等配料进行调味。

【杀菌】于110 ℃中杀菌30 ～ 40min。

9.2.6 笋汁饮料类

笋汁是指从竹笋中提取的汁液。中医理论认为,竹笋性甘、微寒、清热,因此研究利用笋汁或笋煮液制造饮料是竹笋加工的另一方向。绿竹笋采收后,其笋基的老头部分占比达15% ～ 35%,笋箨的占比为10% ～ 25%,因此,不论是否有去箨加工,都会有大量的下脚料产生(图9-30和图9-31)。而笋汁可以通过利用加工的下脚料榨取,因此开发笋汁、笋液等产品对增加绿竹笋的利用具有较大的意义和应用前景。

王平利用竹笋加工下脚料,于

图 9-30 修整分级作业

图 9-31　剩余物

70 ～ 90 ℃煮制20 min，以1 : 3的比例加入清水，通过压榨机破碎、榨汁，用蔗糖、柠檬酸等辅料调配，再通过澄清后获得清液，然后包装杀菌制得风味笋汁饮料。

9.2.7　纤维类等

绿竹笋的笋箨、笋头、笋渣(图9-32)中含有丰富的膳食纤维、洗涤纤维等，膳食纤维可广泛应用于减肥、通便、排毒等保健食品或烘焙、膨化食品。贾燕芳对竹笋加工废弃物中纤维再生利用进行了研究，并设计了该产业链；张思耀研究了笋头膳食纤维的降解；林瑜对绿竹笋的酶解破壁及膳食纤维改性进行了研究；钟海雁等以毛竹春笋作为原料，研究笋原汁的生产工艺和笋渣纤维的综合利用，结果表明，笋原汁得率

图 9-32　待运的剩余物

在70％以上,膳食纤维得率在28％以上。绿竹笋生产提取膳食纤维可参考毛竹笋。

利用竹笋、笋渣、笋壳生产或提取特殊用途的氨基酸、多肽、蛋白质、酶制剂等是绿竹笋开发利用的又一途径。苏雅静研究了丛笋箨中提取黄酮的方法。

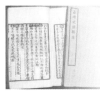

参考文献

[1]陈明木,陈绍军,庞杰,等.涂膜对绿竹笋纤维化及保鲜效果的影响[J].山地农业生物学报,2003,22(03):222-225.

[2]陈盈.不同处理方法对绿竹笋保鲜效果的影响研究[D].浙江:浙江农林大学,2012.

[3]陈盈,王月英,夏海涛,等.绿竹笋保鲜技术研究进展[J].安徽农业科学,2011,39(22):13553-13555.

[4]高贵宾,顾小平,张小平,等.微波处理对绿竹笋老化生理的影响[J].浙江林学院学报,2008,25(05):675-678.

[5]顾青,朱睦元,王向阳,等.雷竹笋采后生理及其贮藏技术研究[J].浙江大学学报,2002,28(02):169-174.

[6]贺筱蓉.微波处理绿竹笋保鲜技术研究[J].保鲜与加工,2004,4(02):33-34.

[7]黄伟素,陆柏益.竹笋深加工利用技术现状及趋势[J].林业科学,2008,44(08):118-123.

[8]贾燕芳.竹笋加工废弃物中纤维再生利用研究及产业链设计[D].杭州:浙江大学,2011.

[9]金川,王月英,林开搜.丛生竹笋真空保鲜技术研究[J].竹子研究汇刊,1999,18(03):33-35.

[10]林姕,涂宝峰,陈丽娇,等.清水带壳绿竹笋软罐头制作工艺的研究[C].福建省农业工程学会2005年学术年会论文汇编,2005:35-39

［11］林鑫民，陈开标.竹-笋开发和加工技术［M］.北京：科学技术文献出版社，1989.

［12］林瑜.马蹄笋酶解破壁及膳食纤维改性研究［D］.福州：福建农林大学，2012.

［13］刘发忠，姚俊森，张伟光，等.营养液浸泡绿竹笋的贮藏保鲜技术研究［J］.福建农业科技，2008，36（06）：56-59.

［14］沈玫，王琪，赵宇瑛，等.外源草酸对冷藏绿竹笋的保鲜效果及其生理基础［J］.园艺学报，2013，40（02）：355-362.

［15］苏雅静.竹笋壳黄酮的高效提取及其对酪氨酸酶活性影响的动力学研究［D］.北京：北京林业大学，2010.

［16］王平.笋汁饮料的开发与加工工艺［J］.食品与机械，1997（02）：18.

［17］肖丽霞，闫师杰，刘野，等.真空冷冻干燥和热干燥绿竹笋笋干品质的比较［J］.食品与发酵工业，2005，31（05）：62-64.

［18］余学军，窦可，章兆福，等.不同保鲜预处理对绿竹笋呼吸速率的影响浙［J］.浙江林学院学报，2007，24（04）：424-427.

［19］张思耀.笋头膳食纤维的降解与功能评价［D］.福州：福建农林大学，2009.

［20］张伟光，林永生，林姿，等.绿竹笋干制工艺的研究［J］.福建农业学报，2005，20（02）：118-121.

［21］赵宇瑛，郑小林.壳聚糖涂膜对绿竹笋采后保鲜效果的影响［J］.保鲜与加工，2015，15（03）：33-37.

［22］钟海雁，王平.毛竹春笋天然饮料及其膳食纤维的开发利用研究［J］.林业科技开发，1997（01）：18-19.

［23］朱勇，赖应隆.绿竹笋保鲜的初步研究［J］.福建林业科技，1999，26（S）：28-31.

第10章　绿竹材加工利用

绿竹材的主要成分是纤维素，目前其主要利用是以生产纸浆为主的工业利用和以生产黄酮等提取物为主的医药化工利用。

绿竹生长快，生物量大，经营绿竹林每年每公顷都有10～15 t的竹材产出（图10-1和图10-2），20世纪末，有些绿竹产区绿竹材是绿竹林的主要产值来源，销售价格每吨500～600元人民币，占绿竹林产值的30%～50%。

图 10-1　竹材 1

图 10-2　竹材 2

　　绿竹材可加工制成竹重组材、竹香芯,粉碎后生产人造板、竹粉填料等,其纤维是良好的造纸原料,亦可提取木质素应用于工业的各类产品中。绿竹材的部分力学性能不如毛竹材,但其竹材易于离解,在提取纤维等方面具有一定的优势。绿竹材还可用作建筑材料,如脚手架的踏板等。

　　我国南方的民间,早有利用绿竹嫩叶作为夏季清凉解暑草药的历史,以及利用竹茹、竹沥化痰清火,治疗喉炎等。

　　绿竹材的利用目前还十分有限,应用范围也有局限性,许多产区的绿竹材仅有限用于竹篱、搭架等农用,甚至作为薪柴使用。绿竹林每年都有大量的竹材产出,由于近年国家对小型造纸厂的严格管控,大部分的绿竹产区的绿竹材未能利用,因此绿竹重组材是解决绿竹材利用问题的重要思路。

10.1　绿竹材性质

　　绿竹材的主要成分是纤维素,竹材纤维是竹材结构中的一类特殊细胞,由管胞进化而来,来源于薄壁细胞经过纵向分裂形成的子细胞,以维管束鞘或分离的纤维束形式存在于秆茎中,主要起机械支持作用,是决定竹材力学性质的主要因子。

绿竹纤维主要特点是长宽比大(相对木材),一般来说,长宽比大的纤维交织性较好,有利于纤维之间的结合。然而绿竹纤维的壁腔较大,是影响纤维部分应用的不利因素。

10.1.1 细胞组成

绿竹材的纤维组织平均占比34.2% ～ 36.8%,导管和原生木质部占比4.9%,筛管和薄壁组织占比59.3%。

10.1.2 化学成分

绿竹材的化学成分主要是纤维素、半纤维素和木质素,还有少量的果胶质、水溶物、类脂类等。绿竹的纤维素含量约占49.5%,木质素23.0%,戊聚糖17.45%,灰分1.78%。

10.1.3 纤维形态

不同年龄、不同地方以及同一株绿竹不同部位的纤维其长度、宽度、壁厚是不同的,不同的种源、不同的栽培条件亦有一定的相关关系。刘主凰研究了不同竹龄和竹秆垂直不同部位的绿竹材纤维形态特征,显示不同竹龄绿竹材纤维平均长度在1.26 ～ 2.10 mm之间,平均宽度在0.012 ～ 0.018 mm之间,平均长宽比在96.27 ～ 173.80之间,平均壁厚2.59 ～ 5.17 μm,平均腔径1.46 ～ 3.49 μm,平均壁腔比1.83 ～ 7.13。对不同竹秆离地高度的绿竹材纤维形态分析结果表明,竹龄对不同竹秆垂直部位的纤维形态影响均极显著。二年生以上的绿竹材,其不同部位的纤维长度、宽度、长宽比、壁腔比差异显著。陈其兵、苏文会、马灵飞等对绿竹材纤维形态进行了测定,结果有所不同,见表10-1。

表10-1　绿竹的纤维形态及化学成分测定

作者	长度/mm	平均长度/mm	平均宽度/μm	长宽比	壁厚/μm	腔径/μm	壁腔比	纤维素（组织）含量/%	木质素含量/%	数据来源文献
陈其兵		2.48		180				49.55	23.00	丛生竹集约培育模式技术[M]
马灵飞，朱丽清	1.60～2.95	2.23	16.2	139	5.3	5.7	1.9	34.2（组织）		浙江省6种丛生竹纤维形态及其组织比量的研究[J]
叶忠华	1.33～2.50	1.77	11.5	154				49.5	23.0	绿竹竹材加工利用工艺技术研究[J]
苏文会等	1.54～2.23	1.87	14.3	131	5.7	2.9	3.9	45.78（组织）		大木竹纤维形态与组织比量的研究[J]
刘玉凰		1.26～2.10	12～18	96～174	2.6～5.2	1.46～3.49	1.83～7.13			福建主要竹材纤维特性的研究[D]

10.2　绿竹材工业利用

10.2.1　纤维利用

竹纤维的应用较广,造纸是绿竹纤维的主要利用形式,除此之外还有纺织等。绿竹材造纸性能的优劣与其他竹类相差不大,特别是与丛生竹相比更为接近,见表10-2。

表10-2　几种制浆丛生竹的纤维形态及化学成分

序　号	名　称	长度 / mm	长宽比	纤维素含量 /%	木质素含量 /%	灰分 /%
1	绿竹	2.48	180.1	49.55	23.00	1.78
2	麻竹	2.88	206.0	52.86	26.25	3.03
3	龙竹	2.69	125.1	44.90	24.38	1.65
4	硬头黄竹	2.06	177.6	47.72	22.83	2.91
5	慈竹	2.71	198.8	49.06	31.28	1.20
6	牡竹	2.65	205.2	48.71	26.32	0.87
7	撑篙竹	2.34	196.1	49.79	254.83	4.53
8	绵竹	2.31	156.2	58.84	25.25	2.63
9	粉单竹	2.90	256.0	48.76	24.73	4.16
10	青皮竹	2.29	147	50.19		
11	大木竹	2.24	166	48.86		
12	绿竹	1.87	131	45.78		

注:1～9参陈其兵;10～12参苏文会等。

利用绿竹材造纸,从原料层面上看有3个优点:绿竹的生长量大,作为原料能降低成本;绿竹材的砍伐年龄(竹材利用年龄)短,通常为2～3年,相比毛竹材的砍伐年龄(竹材利用年龄,毛竹通常为7年)短很多；绿竹材容易解离，可降低技术难度和提取成本。在传统造纸业中，特别是手工造纸，利用毛竹材造纸大部分是砍伐青竹（当年生的毛竹）作为原料的，但砍伐青竹从栽培的科学角度看，有许多不足之处，如容易破坏竹林林分结构，进而影响竹林的产量，而利用绿竹则可避此问题。

利用绿竹材造纸的主要工艺流程是：竹材集中（图10-3）→切片（图10-4）→浸泡（图10-5～图10-9）→打浆（图10-10～图10-12）→抄纸成形（图10-13～图10-15）。

图 10-3　竹材装运

图 10-4　切片

图 10-5　浸泡 1

图 10-6　浸泡 2

图 10-7　浸泡池

图 10-8　浸泡初期

图 10-10　竹浆 1

图 10-9　浸泡后期

图 10-11　竹浆 2

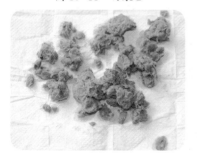

图 10-12　竹浆 3

图 10-13　设备 1

图 10-14　设备 2　　　　　　　　　图 10-15　纸

10.2.2　木质素提取

木质素是难以水解的高分子物质，它与纤维素、半纤维素一起形成植物骨架，其化学结构是苯丙烷类结构单元组成的复杂化合物。木质素可应用于工业的各类产品中，目前木质素主要从造纸黑液中提取。绿竹的木质素含量约占23%，从绿竹材中提取木质素是绿竹材的利用途径之一（图10-16～图10-18）。

图 10-16　木质素提取车间

图 10-17　木质素粉

图 10-18　木质素粉装袋

10.2.3　重组竹材

重组竹是以竹材为原材料制造的竹基重组材料,其特点是竹材利用率高,密度大,物理力学性能良好。程量等在试验中测定的绿竹重组竹材静曲强度为126 MPa ～ 127 MPa,内结合强度为0.54 MPa ～ 1.42 MPa,弹性模量为15 814 MPa ～ 19 031 MPa。

1. 重组竹生产工艺

竹材→剖分→疏解→干燥→浸胶→二次干燥→组坯→热压→后期处理。

2. 工艺操作要点

【剖分】将竹材剖分成片。

【疏解】通过专用疏解机疏解成网状竹束。

【干燥】恒温干燥至含水率为7% ～ 10%。

【浸胶】 两种方式浸胶,一种是在浸胶槽中常压限时（5 ～ 10 min）浸胶;二是将装有竹束的浸胶槽,放入真空浸渍罐中加压（0.4 MPa ～ 0.6 MPa)浸胶。

【二次干燥】在50 ℃的干燥箱中,干燥至含水率为7% ～ 8%。

【组坯】按照设定的板坯密度,采用手工方式铺装板坯,板坯规格为45.0 cm×16.0 cm×1.5 cm(长×宽×厚)。

【热压】 模具中热压,热压参数为8 MPa,温度160 ℃,时间1 mm/min。

10.3　绿竹材医药食品利用

竹类植物化学成分主要包括黄酮类、酚酸类、多糖、三萜类、生物碱类、香豆素类等不同类型化合物。许多竹类植物提取物具有显著的抑菌、抗氧化、抗衰老、抗肿瘤、调节血脂等药理活性，是开发天然药物的重要材料，绿竹材（图10-19）是获取提取物的理想原料之一。绿竹作为竹类之一，在医药方面的利用有较同类更悠久的历史，如在福建中部县市，民间采集未展开的绿竹叶（俗称"绿竹心"）蒸煮用于婴儿咳嗽治疗。

图 10-19　待加工竹材

10.3.1　黄酮等

从竹材中提取黄酮类物资，当前受到了关注。竹黄酮类物资具有抗氧化、延缓皮肤衰老、改善人体心血管的功能，是一种安全、高效的皮肤美容因子，可广泛应用于日用化妆品领域。此外，利用绿竹材的浸取液开发生产饮料、竹酒也是绿竹材的途用之一。

1. 黄酮生产工艺流程

选料→洗涤→破碎→浸提→过滤→提存→灭菌→成品。

生产黄酮常见的浸取液有酒精、甲醇、丙酮等，影响提取的主要因子有浸取液浓度、浸取温度、浸取时间及料液比，其中浸取液浓度影响最大。浸取时常见采用的参数是乙醇浓度70% ～ 75%，温度70 ～ 80 ℃,时间1.5 ～ 2.5 h,料液比（1 ： 15）～（1 ： 20）。

2. 竹饮料生产工艺流程

选料→洗涤→破碎→蒸煮→过滤→调制→装罐→灭菌→成品。

3. 竹酒生产工艺流程

选料→洗涤→破碎→酒精浸提→过滤→调制→装罐→灭菌→成品。

10.3.2　竹　沥

竹沥是绿竹（或毛竹）等鲜竹秆加热后自然沥出的液体。竹沥的主要药用是药厂生产竹沥中草药。竹沥也有使用浸取的方法生产。

10.3.3　竹　茹

竹茹是竹秆的竹青层，是中医传统中的一味药剂，具有清热化痰、除烦止吐、通和脉络的功效。竹茹是临床常用中药之一，又是卫生部批准的药食两用名单的物品。竹茹提取物的主要成分是黄酮糖苷和香豆素内酯，两者是有效的自由基清除剂和天然抗氧化剂，不过中医药对竹茹成分和药理的研究尚为贫乏。

《中药辞海》中记载，竹茹为禾本科刚竹属、箣竹属和牡竹属中一些竹种的茎秆所刮下的外皮层或其次一层。制取方法是取新鲜的竹秆，除去外皮(刮青)，将稍带绿色的中间层刮成丝条或削成薄片。现代竹茹的制作方法是将竹材用蒸汽爆破处理，再溶解黄酮糖苷等相关成分，然后进行分离提取。这种方法工艺较为简单，据说还可获得较高的纯度和得率。

10.4　绿竹材农用

目前绿竹材的农用常见于围篱笆、搭瓜架等。绿竹材的篾性较差，抗腐性能较低，多用于短期竹编；常见的抗弯曲、伸缩率等物理性能也较毛竹底，所以应用较少，尤其在毛竹资源较丰富的地区。随着研究的深入和开发，绿竹材将来可能会有更广泛的应用前景。此外，绿竹箨大，易脱落，易采集，用竹箨浸水分离纤维，制作绳索等用品，在部分产区有一定的历史。

参考文献

[1] 陈其兵.丛生竹集约培育模式技术[M].北京:中国林业出版社，2009.

[2] 程亮，王喜明，余养伦.浸胶工艺对绿竹重组竹材性能的影响[J].木材工业，2009，23(03):16-19.

[3] 郭雪峰，岳永德.竹叶黄酮的提取纯化工艺及含量测定方法比较研究[J].安徽农业大学学报，2007，34(02):279-282.

[4] 贾可敬.竹叶黄酮提取、纯化及抗氧化活性研究[D].长沙:中南林业科技大学，2014.

[5] 刘主凰.福建主要竹材纤维特性的研究[D].福州:福建农林大学，2011.

[6] 马灵飞，朱丽青.浙江省6种丛生竹纤维形态及其组织比量的研究[J].浙江林学院学报，1990，7(01):63-68.

[7] 彭湃.竹子主要组分的分离及结构鉴定[D].西安:西北农林科技大学，2010.

[8] 苏文会，顾小平，马灵飞，等.大木竹纤维形态与组织比量的研究[J].林业科学研究，2005，18(03):250-254.

[9] 王淑英，汤锋，岳永德.竹类植物的化学成分及药理活性研究进展[J].林产化学与工业，2013，33(03):149-156.

［10］叶忠华.绿竹竹材加工利用工艺技术研究［J］.江西林业科技，2012（06）：38-41.

［11］张齐生,等.中国竹材工业化利用［M］.北京:中国林业出版社，1995.

［12］朱勇.加入WTO后笋竹企业存在的问题与发展建议［J］.林业经济问题，2003，23（02）:114-115.

［13］朱勇，田晓风，朱溪悦.《本草纲目》中的竹类药物研究［J］.世界竹藤通讯，2013，11（04）:24-27.

附　录

附录1　绿竹栽培技术要点

技术名称	措　施
1 扒头	清明节前,将秆基周围的土壤扒开,即挖离竹丛内的土壤,使秆基上的笋目、根系暴露在空气中,接受光线等刺激,以期提早长笋,提高产量。扒头晒目的时间为15～30 d,之后回堆原土
2 培土	垫高土层,即用外围的的土壤堆积竹丛,以保证提高的秆基及其根系有足够的土壤空间。培土通常在春季扒头晒目之后结合施春肥进行
3 施肥	年施肥主要3次：春肥(长叶肥)、夏肥(笋中肥)和秋肥(养竹肥)。 春肥：长叶前结合培土进行,氮肥为主,有机肥为佳,化肥1～3千克/丛,有机肥20～30千克/丛,撒施、沟施均可。 夏肥：为了补充长笋的营养消耗,在长笋量达到约1/3时,通常在7月进行,施化肥0.5～1.0千克/丛,穴施、沟施、浇施均可。 秋肥：促进新竹成竹,增强竹林抗寒能力,长笋即将结束时,通常9月进行,施复合肥0.5～1.0千克/丛,穴施、沟施均可
4 采笋	必须用笋凿或采笋刀进行,采笋位置是影响产量的重要因素,采笋位置以采后的残蔸保留两个以上笋芽为准

续表

技术名称	措 施
5 灌溉	长笋期间生理旺盛、蒸发量大，需要大量水分，充足的水分是高产的保证。平原、沿海地带注意雨季、台风季节的排水防涝
6 留养母竹	在笋期的中期，选择健壮的"二水笋"做母竹，每年每丛留2株以上。尽量选用由低位笋芽长的新竹做母竹，还应根据疏密、地形做选择
7 病虫防控	预防为主，综合防控。加强水分管理，做好清园工作。冬季浅锄或深翻，破坏害虫越冬；开春清除枯枝落叶，减少病菌病源
8 伐除老竹	园内3年以上老竹全部伐除，三年生竹少保留或不保留，一年、二年生竹要根据竹丛情况决定，保留丛株数4～10株。伐除老竹最好在春初进行，以增加竹林的抗寒能力。伐下的老竹尽量移出竹园，以减少病虫源

附录 2　绿竹造林技术要点

技术名称	措　施
1 造林地选择	土层厚度大于1 m,pH值5.0～7.0,水源距离小于500 m,与公路距离小于1 km的平地、谷地、下坡地、农田、溪流两岸等
2 林地准备	用中小型机械对林地进行全面深翻,坡度大于15°者拉带深翻,深度30～50 cm,去除石头、树头,同时做好厂房、道路、沟渠等规划
3 种苗	带秆竹蔸苗:一年生或二年生,竹蔸完整并带2个或以上笋芽;竹秆无伤、病,并保留3节或以上;切口与秆成一定角度,并与节的距离大于10 cm。 插枝育苗:植株健壮无病虫,地径大于1.5 cm;竹蔸完整,带一定根系
4 造林	3月上旬—4月中旬,注意天气预报,保证种后5 d以上的阴雨天气
5 种植方法	种植穴深度约30 cm,下基肥,回表土;苗蔸可黏生根剂,弯曲内面朝上,笋芽朝两侧;竹秆倾斜15°～45°,分层回表土、夯实,表层用松土等覆盖
6 幼林管理	当年,第一个月加强防旱、排涝管理,提高成活率;第二个月起每月浇施1～3次,用尿素,浓度1%～5%;7月、9月中耕除草及穴施各1次,用尿素,每株(丛)0.1～0.3 kg。 次年,于3月、7月、9月中耕除草、施肥3次,穴施或沟施,用尿素或复合肥,每次每株0.1～0.5 kg。 每年做好疏笋和新竹的选留工作,竹园内最好套种豆科作物

附录3 绿竹病虫防控与减灾技术要点

病虫名称	发生时期	防控措施
竹笋象	6—9月	①黄昏时人工捕捉成虫,成虫有假死性; ②在成虫期用糖醋液+炒香麦麸+农药,置于竹园内诱杀; ③秋末或冬季进行竹园松土15 cm; ④即时消除受害笋内的虫卵,或用杀虫剂涂抹产卵孔
竹螟	5—10月	①5—6月黑灯诱杀成虫; ②8月或冬季进行竹林抚育,灭杀竹螟幼虫; ③在幼虫苞叶时喷洒白僵菌; ④虫口密度高时,用98%晶体敌百虫500倍或其他药剂喷洒树冠
芽虫	3—12月	①及时砍伐虫害严重的竹株并集中除虫处理; ②适时疏伐,改善通风透光环境; ③保护和利用瓢虫、草龄、食蚜蝇、蚜茧峰等天敌; ④化学防治,用0.5 kg尿素+1.25 kg洗衣粉+水50 L喷雾,或2%石灰水、40%敌敌畏乳油灯喷雾、涂秆
金针虫	3—5月	①利用灯光、堆草对成虫进行诱杀; ②秋季翻土晾晒,将土中的蛹、幼虫或成虫翻到地表,冬季冻死,减少虫源; ③人工捕杀,在4—5月的下午时间捕捉成虫
篁盲蝽	8—11月	①用黄色黏纸引诱黏杀; ②在发生盛期,用30%扑灭松乳剂1 500倍,或20%芬化利乳剂2 000倍,喷药1～3次
叶疹病		①在早春前收集病枝、叶集中销毁; ②7—8月份叶片上刚出现灰白色病斑时,喷洒1∶1∶100波尔多液,或75%百菌清等,10～15 d喷1次

续表

病虫名称	发生时期	防控措施
煤污病		①及时防治蚧虫或蚜虫； ②清除严重为害竹
冻害	12—2 月	①提早母竹留养时间； ②推迟老竹采伐时间
风害	7—9 月	①常发生风害地区,母竹展枝前实施钩梢； ②丛内竹秆捆扎
开花		①开花初期施肥灌水； ②及时砍除病株,减少营养消耗

附录4 绿竹栽培年事表

月 份	节 气	技术名称
1月	小寒 大寒	①除草翻土,造林地准备; ②准备晒头用有机肥; ③开设机耕路,设施、农具修补
2月	立春 雨水	①造林地准备; ②中下旬进行扒头; ③准备造林基肥,尽早沤肥
3月	惊蛰 春分	①砍老竹; ②造林; ③集中处理枯枝落叶; ④扒头,施春肥,培土,林地整理
4月	清明 谷雨	①培土,施春肥,林地整理; ②间作套种; ③竹园排灌,道路维护
5月	立夏 小满	①农具、农机、烘烤箱、清洗池等设备、设施维护; ②采笋; ③竹螟、金针虫等防控
6月	芒种 夏至	①采笋; ②新造林地除草、施肥
7月	小暑 大暑	①采笋,留母竹; ②施夏肥; ③引水灌溉
8月	立秋 处暑	①采笋,留母竹; ②竹笋象防控; ③下旬施秋肥; ④引水灌溉

续表

月 份	节 气	技术名称
9 月	白露 秋分	①采笋； ②施秋肥； ③风害防控
10 月	寒露 霜降	①采笋； ②疏笋，去除病老竹。
11 月	立冬 小雪	①道路、排灌设施建设； ②新造林抚育
12 月	大雪 冬至	①造林地准备； ②基肥准备； ③清除园内枯枝落叶； ④设施、农具修补

附录 5　绿竹笋

福建省地方标准 DB 35/T 568—2004
（2004-10-09发布　2004-10-09实施）

1　范　围

本标准规定了绿竹笋的术语和定义、质量要求、检验方法、检验规则、包装、标签标志、运输及贮存。

2　规范性引用文件

下列标准所包含的条文通过本标准的引用而成为本标准的条文。凡是注日期的引用标准，其随后所有的修改单（不包括勘误的内容）或修订版均不适用于本标准，然而，鼓励根据本标准达成协议的各方研究使用这些标准的最新版本。凡是不注日期的引用文件，其最新版本适用于本标准。

GB 7718	食品标签通用标准
GB/T 8868—1988	蔬菜塑料周转箱
GB/T 5009.11	食品中总砷及无机砷的测定
GB/T 5009.12	食品中铅的测定
GB/T 5009.15	食品中镉的测定
GB/T 5009.17	食品中总汞及有机汞的测定
GB/T 5009.19	食品中六六六、滴滴涕残留量的测定
GB/T 5009.20	食品中有机磷农药残留量的测定
GB/T 5009.33	食品中亚硝酸盐与硝酸盐的测定
GB/T 5009.38	蔬菜、水果卫生标准的分析方法
GB/T 14876	食品中甲胺磷和乙酰甲胺磷农药残留量的测定方法
GB/T 14877	食品中氨基甲酸酯类农药残留量的测定方法
GB/T 17331	食品中有机磷和氨基甲酸酯类农药多样残留的测定

GB/T 17332　　　食品中有机氯和拟除虫菌酯类农药多样残留的测定

3　术语和定义

下列术语和定义适用本标准。

3.1　绿竹笋

指绿竹竹秆在土壤中的幼体,由秆基两侧芽目发育而成,分笋柄、笋基、笋体,每节具一笋箨。

3.2　头部直径

指绿竹笋头部横切面最大直径。

3.3　笋长度

指带壳笋体长度,从头部切口至笋尾尖部。

3.4　单笋重量

指单个笋的重量。

3.5　可食率

指单个笋剥去笋箨(笋外面的壳),削去笋体老化部分,剩下可食部分占单笋重量百分比。

4　质量指标

4.1　外观要求:笋箨紧实、金黄色,笋肉乳白,笋体饱满完整,新鲜,无异味,无霉变,无腐烂,无明显的病虫害和机械损伤。

4.2　绿竹笋分级指标见表1。

表1　绿竹笋质量分级指标

级别	头部直径 / cm	长度 / cm	单笋重量 / g	可食率 / %	外观
特级	5.5～8.4	≤17	200～400	≥60	符合4.1外观要求,未露土,马蹄状,切口平整。产于山地红壤
一级	5.5～8.4	≤17	200～400	≥60	符合4.1外观要求,未露土,马蹄状,切口平整
二级	4.5～9.4	≤20	—	≥55	符合4.1外观要求,未露土或露土笋尖小于3 cm,切口平整

4.3 安全质量指标:

福安绿竹笋安全质量指标应符合表2的规定。

表2 重金属、硝酸盐、亚硝酸盐最高限量和农药限量

单位:mg/kg(鲜重)

序 号	项 目	最高限量
1	铬(以 Cr 计)	0.50
2	汞(以 Hg 计)	0.01
3	铅(以 Pb 计)	0.20
4	砷(以 As 计)	0.50
5	镉(以 Cd 计)	0.05
6	敌敌畏	0.20
7	乐果	1.0
8	六六六	0.2
9	滴滴涕(DDT)	0.1
10	溴氰菊酯	0.20
11	氰戊菊酯	0.05
12	多菌灵	0.50
13	氯氰菊酯	0.50
14	甲胺磷	不得检出
15	呋喃丹	不得检出
16	氧化乐果	不得检出
17	甲基对硫磷	不得检出
18	甲拌磷	不得检出
19	硝酸盐(以 $NaNO_3$ 计)	1 200.00
20	亚硝酸盐(以 $NaNO_2$ 计)	4.00

注:测定项目可根据绿竹笋用林使用农药情况而定。

5 检验方法

5.1 外观质量的测定

用目测法观看外观并嗅其气味。

5.2 卫生安全指标

5.2.1 铬的测定:按GB/T 14962的规定执行。

5.2.2 汞的测定:按GB/T 5009.17的规定执行。

5.2.3 铅的测定:按GB/T 5009.12的规定执行。

5.2.4 砷的测定:按GB/T 5009.11的规定执行。

5.2.5 镉的测定:按GB/T 5009.15的规定执行。

5.2.6 敌敌畏和乐果的测定:按GB/T 17331的规定执行。

5.2.7 氰戊菊酯、溴氰菊酯和氯氰菊酯的测定:按GB/T 17332的规定执行。

5.2.8 多菌灵的测定:按GB/T 5009.38的规定执行。

5.2.9 甲胺磷的测定:按GB 14876的规定执行。

5.2.10 呋喃丹的测定:按GB/T 14877的规定执行。

5.2.11 氧化乐果、甲拌磷、甲基对硫磷、乐果、敌敌畏的测定:按GB/T 5009.20或GB/T 17331的规定执行,其中氧化乐果最小检出浓度2 μg/kg。

5.2.12 硝酸盐、亚硝酸盐的测定:按GB/T 5009.33的规定执行。

5.2.13 六六六和滴滴涕的测定:按GB/T 5009.19的规定执行。

6 检验规则

6.1 每一次交货将同品种、同等级、同产地、同一天采收产品作为一个检验批次。

6.2 抽样方法按照GB/T 8855的规定执行。样品抽取量不超过每批次产品总量的1%,最少不低于3 kg。

6.3 判定规则

6.3.1 按本标准进行测定,检验结果全部符合本标准要求的,则判该批次产品为合格产品。

6.3.2 绿竹笋质量分级指标有一项不合格,可重新抽取同批产品进行加倍复检,若仍不合格,降低一个等级。

6.3.3　若检出表2中卫生指标任一项不符合本标准,可重新抽取同批产品进行加倍复验,若仍不合格,则判该批次产品为不合格。

7　包装、标签标志

7.1　包装：采用散装和容器装。包装容器(筐、袋、箱等)要求整洁、干燥、牢固、透气、无污染、无异味、无霉变等现象。每批产品包装规格、单位、重量必须一致。如用塑料箱包装,应符合GB/T 8868—1998要求,防止二次污染。

7.2　标签标志：包装或标签上标明品种、重量、生产单位、产地、采用标准号、采收日期。标签标志按GB 7718—1994规定执行。经过审批或认定的无公害绿竹笋基地或产品,可以在包装上标明无公害标志。

8　运输、贮存

8.1　运输

8.1.1　当天采收当天运输。

8.1.2　装运时做到轻装、轻卸,防止机械损伤。

8.1.3　运输时防止日晒、雨淋,注意防冻和通风散热。

8.1.4　运输工具无污染,不得与其他有毒有害物品混装混运。

8.2　贮存时必须放在阴凉、通风、清洁卫生的地方,并远离热源。防止日晒、雨淋、冻害及有害物质等污染。

附录6　地理标志产品　尤溪绿竹笋

福建省地方标准 DB 35/T 1006—2010

2010-05-11发布，2010-06-1实施

1　范　围

本标准规定了地理标志产品　尤溪绿竹笋的术语和定义、保护范围、种植环境、栽培技术和加工技术、要求、检验方法、检验规则、包装、标志与标识、运输及贮存。

本标准适用于国家质量监督检验检疫总局〔2009〕第26号公告批准保护的地理标志产品　尤溪绿竹笋产品。

2　规范性引用文件

下列文件对于本文件的应用是必不可少的。凡是注日期的引用文件，仅所注日期的版本适用于本文件。凡是不注日期的引用文件，其最新版本（包括所有的修改单）适用于本文件。

GB 2762	食品中污染物限量
GB 2763	食品中农药最大残留限量
GB 4285	农药安全使用标准
GB/T 5009.10	食品中粗纤维的测定方法
GB/T 5009.38	蔬菜、水果卫生标准的分析方法
GB/T 5009.124	食品中氨基酸的测定
GB/T 8855	新鲜水果和蔬菜的取样方法
GB/T 8321	农药合理使用准则
GB/T 10786	罐头食品检验方法
GB 11671	果、蔬罐头卫生标准
JJF 1070	定量包装商品净含量计量检验规则
NY/T 1278	蔬菜及其制品中可溶性糖的测定　铜还原碘量法
QB/T 1006	罐头食品检验规则

QB/T 3600　　　　罐头食品包装、标志、运输和贮存

国家质量监督检验检疫总局令〔2005〕第75号《定量包装商品计量监督管理办法》

中华人民共和国农业部〔2006〕第70号令《农产品包装和标识管理办法》

3　术语和定义

下列术语和定义适用于本文件。

3.1　地理标志保护产品　尤溪绿竹笋

指国家质量监督检验检疫总局〔2009〕第26号公告批准的保护范围生产的绿竹笋,包括鲜竹笋和原味绿竹笋。

3.2　原味绿竹笋

用尤溪绿竹笋鲜竹笋为原料按本标准附录C要求加工,产品质量符合本标准要求的产品。

3.3　笋长度

指带壳绿竹笋长度,从头部切口到笋尾尖部。

3.4　头直径

指笋头部垂直横切面的最大直径。

3.5　单笋重

指单个尤溪绿竹笋的重量。

4　保护范围

尤溪绿竹笋地理标志产品保护范围限于国家质量监督检验检疫总局〔2009〕第26号公告批准的范围,即福建省尤溪县现辖行政区域内,见附录A。

5　种植环境、栽培技术和加工技术

5.1　种植环境

5.1.1　气　候

年平均气温18.9 ℃,≥10 ℃的年积温5 000 ℃以上,年平均降水量1 400～1 800 mm。产笋旺季6—9月雨热同期,温暖湿润。

5.1.2　立地条件

海拔300 m以下,土壤pH值4.5～6.5,有机质含量≥2.0%,土层

厚度≥50 cm的丘陵地、溪河两岸等山地红、黄壤土或沙壤土,均适宜种植尤溪绿竹笋。

5.2　栽培技术

尤溪绿竹笋栽培技术见附录B。

5.3　加工技术

原味绿竹笋加工技术见附录C。

6　要　求

6.1　鲜竹笋

6.1.1　感官要求

鲜竹笋感官要求见表1。

表1　鲜竹笋感官要求

项　目	要　求
色泽	新鲜,笋箨呈淡黄色(笋尖部分呈淡紫色至墨绿色);笋肉白色或乳白色,色泽良好
滋味、气味	具有尤溪绿竹笋特有的笋香味,笋肉口感细腻嫩脆,粗纤维少,清甜鲜美,无异味
组织形态	笋体肥大、饱满,壳薄肉厚,外形呈马蹄状,笋形状正常;笋基切面稍结实,无拔节,无病虫害,无损伤

6.1.2　理化指标

鲜竹笋理化指标见表2。

表2　鲜竹笋理化指标

项　目	指　标
头部直径 /cm	4.5～8.5
笋长度 /cm	15～25
单笋重 /g	150～600
氨基酸总含量 a/（g/kg）≥	17
谷氨酸 a/（g/kg）≥	3.0
总糖（以葡萄糖计）a/%≥	2.0
粗纤维 a/%≤	1.2

注:a项目采用的为可食笋体营养含量。

6.2　原味绿竹笋

6.2.1　感官要求

原味绿竹笋感官要求见表3。

表3　原味绿竹笋感官要求

分　类	项　目	要　求
带壳整只或半只装	色　泽	带壳笋体呈淡黄色或黄褐色，剥壳后笋肉呈淡黄至乳白色
	滋味、气味	保留尤溪绿竹笋固有的清甜鲜美滋味和笋香气味，无异味
	组织形态	笋只呈马蹄形，笋壳尖部完整或切除，笋肉质嫩，无明显粗纤维，允许基部表皮稍有粗纤维。笋壳体允许含有少量的杂质
去壳整只或块（片）装	色　泽	笋肉呈淡黄至乳白色
	滋味、气味	保留尤溪绿竹笋固有的清甜鲜美滋味和笋香气味，无异味
	组织形态	笋肉质嫩，去除笋尖部黄色笋肉，外形呈状马蹄状或不规则块，同一袋块（片）大小大致均匀

6.2.2　理化指标

原味绿竹笋理化指标见表4。

表4　原味绿竹笋理化指标

项　目	指　标
可溶性固形物（以折光计）/%	3.5～6.0
pH 值	4.0～6.0
粗纤维 /% ≤	1.2

6.3　卫生指标

6.3.1　鲜竹笋污染物限量指标应符合GB 2762的有关要求；农药最大残留限量指标应符合GB 2763的有关要求。

6.3.2 原味绿竹笋卫生指标应符合GB 2762，GB 2763和GB 11671的有关要求。

6.4 净含量

净含量应符合国家质量监督检验检疫总局令〔2005〕第75号《定量包装商品计量监督管理办法》的规定。

7 检验方法

7.1 鲜竹笋

7.1.1 感官要求

随机取10个样笋，对其感官要求采用目测、品尝进行评定。

7.1.2 理化指标

7.1.2.1 随机取10个样笋，用感量为5 g的衡器称量，测定单笋重。

7.1.2.2 笋的头部直径、笋长度用丈量法检测。

7.1.2.3 鲜竹笋的氨基酸和谷氨酸按照 GB/T 5009.124规定的相关方法检测。

7.1.2.4 总糖含量按照 NY/T 1278规定的相关方法检测。

7.1.2.5 粗纤维含量按照GB/T 5009.10规定的相关方法检测。

7.1.3 卫生指标

鲜竹笋的污染物限量按GB 2762，农药最大残留限量按GB 2763及GB/T 5009.38中规定的相关方法检测。

7.2 原味绿竹笋

7.2.1 感官要求

按GB/T 10786规定的方法检测。

7.2.2 理化指标

7.2.2.1 可溶性固形物（以折光计）按GB/T 10786规定的方法检测。

7.2.2.2 pH值按GB/T 10786 规定的方法检测。

7.2.2.3 粗纤维按GB/T 5009.10规定的方法检测。

7.2.3 卫生指标

7.2.3.1 污染物限量按GB 2762，农药最大残留限量按GB 2763

及GB/T 5009.38中规定的相关方法检测。

7.2.3.2　重金属和微生物卫生指标按GB 11671中规定的相关方法检测。

7.3　净含量

按JJF1070的规定方法检测。

8　检验规则

8.1　鲜竹笋的检验规则

8.1.1　组　批

鲜竹笋以同产地、同一天采收或同一批交货的作为一个检验批次；批发市场以同一时间、同产地的尤溪绿竹笋作为一个检验批次；农贸市场和超市同进货渠道的尤溪绿竹笋作为一个检验批次。

8.1.2　抽　样

按GB/T 8855规定执行。

8.1.3　检验分类

8.1.3.1　出场(交收)检验

每批产品出场(交收)时应进行交收检验，出场(交收)检验内容包括净含量、感官、包装、标志与标识，经检验合格并附有合格证方可出场(交收)。

8.1.3.2　型式检验

型式检验是对本标准规定的所有项目进行检验。有下列情况之一者应进行型式检验：

a)　前后两次抽样检验结果差异较大；

b)　因人为或自然因素使生产环境发生较大变化的；

c)　国家质量监督机构或主管部门提出型式检验要求时。

8.1.4　判定规则

8.1.4.1　卫生指标有一项不合格，判该批产品不合格。

8.1.4.2　感官、理化指标、净含量要求有一项不合格，允许在同批产品中加倍抽取样品，对不合格项进行复检，仍不符合则判该批产品不合格。

8.1.4.3　整批产品感官要求达到90%以上为合格品，低于90%为不合格品。

8.2 原味绿竹笋的检验规则

按照QB/T 1006 的规定执行。

9 包装、标志与标识

9.1 鲜竹笋应按中华人民共和国农业部〔2006〕第70号令《农产品包装和标识管理办法》的规定执行。

9.2 原味绿竹笋按照QB/T 3600的规定执行。

10 运输及贮存

10.1 运 输

10.1.1 鲜竹笋当天采收当天运输。

10.1.2 装运时做到轻装、轻卸,防止损伤。

10.1.3 运输过程中防止日晒、雨淋,冷藏运输注意防冻和通风散热。

10.1.4 运输工具无污染,不得与其他有毒、有害、有异味的物品混装混运。

10.2 贮 存

鲜竹笋贮存必须放在阴凉、通风、清洁的地方,并远离热源,防止日晒、雨淋、冻害及有害物质的污染。原味绿竹笋软包装的宜在摄氏2～5 ℃冷藏条件下保存,保质期18个月;铁罐装的宜在阴凉、干燥库房常温保存,保质期3年。

附　录 A（规范性附录）
尤溪绿竹笋地理标志产品保护范围

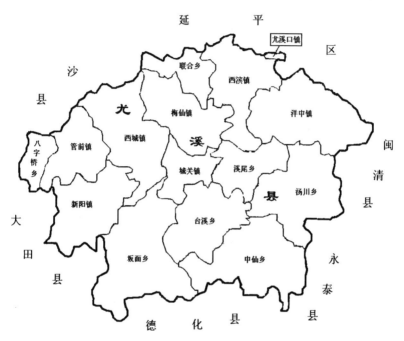

图A.1　尤溪绿竹笋地理标志产品保护范围

注:尤溪绿竹笋地理标志产品保护范围限于福建省尤溪县现辖行政区域。

附　录 B（资料性附录）
尤溪绿竹笋栽培技术
（略）

附　录 C（资料性附录）
原味绿竹笋加工技术
（略）

附录7 绿竹笋（马蹄笋）栽培技术规程

浙江省地方标准 DB 33/T 343—2015

2015-06-12发布　2015-07-12实施

1 范 围

本标准规定了绿竹笋（马蹄笋）培育的术语和定义、竹林营造、幼林抚育、成林管理、病虫害防治和竹林减灾等技术内容。

本标准适用于绿竹笋用林的栽培。

2 规范性引用文件

下列文件对于本文件的应用是必不可少的。凡是注日期的引用文件，仅所注日期的版本适用于本文件。凡是不注日期的引用文件，其最新版本（包括所有的修改单）适用于本文件。

GB 3095　　　环境空气质量标准

GB 5084　　　农田灌溉水质标准

GB/T 8321（所有部分）　　农药合理使用准则

GB 15618　　土壤环境质量标准

3 术语和定义

下列术语和定义适用于本标准

3.1 绿竹笋（马蹄笋）

绿竹（*Dendrocalamopsis oldhami*）是禾本科竹亚科植物，以培育生产食用鲜笋为主；因其所产的笋形似马蹄，故又称"马蹄笋"。

3.2 秆 基

竹秆入土生根部分。由数节至十数节组成，节间短缩而粗大，上着生大型芽。

3.3 秆 柄

竹秆的最下部分。与母竹的秆基相连，细小，短缩，不生根。

3.4 笋 目

笋目（或称芽眼）着生于秆基部位，萌发为竹笋的芽。笋目互生排列在秆基两侧，基部自下而上第一对可发笋的笋目称头目，第二对笋目称二目，以此类推，最上一对称尾目。不能发育或萌芽后死亡的笋目称虚目。

3.5　二水笋

早期采收竹笋后的笋蔸上当年再次萌发出的竹笋。

3.6　扒土晒目

清明前将表土挖开使竹蔸和笋目暴露，让所有笋目暴晒的一种处理方法。

3.7　笋穴施

一种施肥方法，在竹笋挖取后的穴内施入肥料并覆土，施肥点离割笋处10 cm，并注意不要使肥水溅及笋目。

4　造林技术

4.1　造林地选择

4.1.1　产地环境

空气环境质量应符合GB 3095规定的二级标准要求；土壤环境质量应符合GB 15618规定的二级标准要求；灌溉水质量应符合GB 5084的规定。

4.1.2　气候条件

年平均气温18～21 ℃，1月份平均气温8 ℃以上，极端低温高于−5 ℃。年降水量1 400～2 000 mm。

4.1.3　地形条件

丘陵、平地、溪流两岸、四旁杂地均可。山地造林坡度不宜超过15°。

4.1.4　土壤条件

选择土层厚度50 cm以上，质地疏松、湿润，腐殖质含量高，pH 5.5～7.0的土壤。

4.2　林地清理

宜全垦整地。翻耕深度30 cm，并清除树桩和石块等硬物。

4.3　种苗质量

宜采用移竹造林的方法。从长势优良、无病虫危害的竹丛中选取分枝较低,胸径3～5 cm,要求基部芽眼饱满的一年生竹株作为种苗。挖掘时竹蔸要带须根,从秆柄与母竹的连接处截取,或连同母竹根系一同挖取,笋目和秆柄无撕裂损伤;竹秆保持3～4个饱满枝芽,上部截顶,切口与竹蔸走向平行,呈马耳形,且平整不开裂,离节隔10～15 cm。

4.4　造林时间

3月中旬—4月中旬,以阴雨天最佳。

4.5　种植密度

450～600株/公顷,也可适当密植,最高不宜超过900株/公顷。

4.6　种植方法

种植深度宜20～30 cm。种植时竹蔸放平,竹秆顺向倾斜,使两列笋目倾向水平位置分列两侧,马耳形切口向上。种苗入土时要分层填土,边填边踏实,浇透一次水,再覆松土呈龟背状,覆土应比种苗原入土高10 cm。栽后数日无雨时,需在根部灌水,或在马耳形切口处灌水。死株应在当年5月上旬前或翌年补植。

5　幼林抚育

5.1　林地间种

新造竹林第1年和第2年可间种豆类、绿肥等矮秆作物,以耕代抚。不宜间种芝麻、玉米等耗肥量大的作物。

5.2　施　肥

施肥时间、种类、方式见表1。

表1　幼林施肥

项　　目		3—4月	5月	7月	9月
第1年	肥种			尿素	复合肥
	施肥量/(千克/丛)			0.1～0.2	0.1～0.2
	施肥方式			兑水浇施	兑水浇施
第2年	肥种	农家肥	尿素	尿素	复合肥
	施肥量/(千克/丛)	20～30	0.1～0.2	0.1～0.2	0.1～0.2
	施肥方式	沟施	沟施	沟施	沟施

5.3　疏笋养竹

及时疏去弱笋、小笋及退笋，留优去劣，直至成林。

6　成林培育技术

6.1　扒土晒目

清明前，将竹丛根际土壤挖开，暴露所有笋目，并清除缠绕在笋目上的须根，曝晒20～30天。

6.2　覆土培笋

扒土晒目后，结合施春肥要进行培土，重新覆盖笋目。将周围土壤向竹丛中央聚拢，覆土呈龟背状，以高出原竹蔸10 cm为宜。

6.3　科学施肥

包括施肥时间、数量和方法。

6.3.1　春　肥

扒土晒目20～30天后，结合覆土，宜沟施农家肥或商品有机肥20～100千克/丛。

6.3.2　笋前肥

出笋前的5月初，宜补充施尿素、腐熟的人粪尿等。施人粪尿20～30 千克/丛或尿素0.3～0.5 千克/丛。

6.3.3　笋期肥

出笋盛期的7—8月，结合采笋后笋穴封土，离割笋处10 cm，追施尿素等速效性肥料，每穴施20～30 g，施2～3次，时间间隔为15～20天，同时松土、除草、培土。

6.3.4　养竹肥

进入出笋后期的9月份，以施钾肥为主，宜施复合肥0.5～0.7千克/丛或焦泥灰10～20千克/丛，同时松土、除草。

6.4　水分管理

春夏和台风季节遇林地积水，要及时排水，夏秋季尤其是出笋期间如遇7天以上无雨，要及时引水灌溉，保持竹园土壤湿润。

6.5　合理采笋

6.5.1　采笋时间

宜在早晨土壤龟裂、湿润，竹笋行将出土前采笋。

6.5.2　采笋方式

采笋时，先扒开笋周围土壤露出笋体，用笋凿或割笋刀沿笋蔸上部从内向外割下未出土竹笋，并保留残蔸上2～3个饱满笋目，以便再次孕笋成竹。

6.5.3　采笋次数

出笋初期（7月前）和末期（9月初后）每隔3～5天采笋一次，所出之笋全部采收。出笋盛期（7—8月）每隔1～3天采笋一次，除留养母竹外，其余所出之笋全部采收。

6.6　留养母竹

6.6.1　留养时间

7月底或8月初开始。

6.6.2　留养对象以选择健壮的"二水笋"留养母竹为宜，同时采割尾目等高位芽萌动的竹笋。避免新竹根丛高出地面成墩，使丛内竹株分布均匀，成"散生状"。

6.6.3　留养数量

每丛宜留养母竹5～7株。

6.7　伐除老竹

冬季或早春伐除林内全部三年生老竹和部分二年生竹，每丛宜保留二年生竹2～3株。为避免冬季寒害，也可推迟到春季3月份伐除老竹。

6.8　除草松土

结合扒土晒目、施肥等培育措施进行除草，并同时清理由老竹蔸或部分笋蔸基部萌发的纤细小笋；结合采伐老竹的同时，进行全林松土20 cm。

7　病虫害防治技术

7.1　营林防治

加强抚育管理，改善竹林通风透光。及时清除病虫笋、竹株、竹枝叶等。冬季深翻除草。

7.2　生物防治

保护和利用天敌，采用以虫治虫、以菌治虫的方法。

7.3 物理防治

虫口密度较低时,采用人力借助简单机械进行捕捉。利用黑光灯或诱饵进行诱杀。

7.4 化学防治

进行必要的化学防治时,应选用高效、低毒、低残留和对天敌杀伤力低的药剂,对症用药,合理使用,尽量减少药剂用量和次数。农药使用应按GB/T 8321(所有部分)的要求执行。

7.5 防治方法

主要病虫害防治方法按本标准附录A。

8 竹林减灾技术

8.1 竹株开花

造林时应避免有开花迹象或在开花竹丛中选择种苗;平时做好留笋养竹,合理施肥,避免强度采笋;出现开花竹株,宜及时挖除开花竹丛,补植造林。

8.2 台风危害

新竹钩梢。台风季节宜及时排涝,防止竹园积水;风害后及时扶起或固定风倒竹株,并适当培土;适时清理修剪枯死竹株及枯梢,尽量保留未枯竹株和枝梢,同时加强留笋养竹和竹园管护。

8.3 低温冻害

可将采伐老竹的时间适当推迟到翌年春季。9月份宜配施含钾肥料。冻害发生后,及时清除受冻枯死的枝梢,保留健康枝条。

9 鲜笋质量等级和包装运输

9.1 鲜笋质量等级

鲜笋质量分级参见附录B。

9.2 包装运输

9.2.1 包 装

采用袋装或箱装,避免见光。包装箱上应标明产品名称、产地、质量等级、产品标准号、生产日期或批号,并附合格证。

9.2.2 运 输

长距离搬运,宜采用冷藏运输的方法。包装箱在运输时要轻装轻卸,防止机械碰撞。无包装鲜笋运输时,应有防晒、避光措施。

9.2.3 贮 存

应贮存于清洁、阴凉、避光和远离热源的场所。在常温条件下,保存时间不要超过24小时。

10 绿竹(马蹄笋)标准化生产模式图

绿竹(马蹄笋)标准化生产模式图参见附录C。

附录A
(规范性附录)

绿竹笋用林主要病虫害防治方法

表A.1 绿竹笋用林主要病害及综合防治方法

病害名称	防治指标	防治措施
煤污病	发病率≥1%	1)加强竹林抚育管理,控制立竹密度,改善竹林透光通风环境; 2)及时清除病枝,并加以烧毁; 3)用1%～2%的石灰水驱除蚜虫
竹丛枝病	发病率≥1%	1)加强竹林抚育管理,培土施肥; 2)在8月中旬前及时剪除病枝并烧毁,严重的竹株全株挖除并烧毁; 3)严把检疫关,选好母竹
竹锈病	发病率≥1%	1)加强竹林抚育,改善竹林透光通风环境; 2)及时清除病枝,并加以烧毁; 3)用25%三唑酮500～800倍液喷雾

表A.2　绿竹笋用林主要虫害及综合防治方法

虫害名称	防治指标	防治方法
竹大象	虫株率≥10%	1）秋冬季竹林挖山松土； 2）捕捉成虫； 3）成虫期黑光灯诱杀； 4）适期挖卵或用40%吡虫啉加水3～5倍，喷涂产卵孔
竹螟	虫口密度≥40条/丛	1）8月抚育竹林，可直接杀死幼虫； 2）5—6月间利用黑光灯诱杀成虫； 3）用5%定虫隆1 000～2 000倍液喷杀
竹蚜虫	虫口密度≥80条/小枝	1）加强抚育管理，减少虫口数量； 2）保护瓢虫、草蛉等天敌昆虫； 3）笋期用尿洗合剂（0.5千克尿素、1.25千克洗衣粉、50千克水）进行防治； 4）发生初期用40%吡虫啉1 000～1 500倍液喷杀； 5）用1%～2%的石灰水防治
竹笋夜蛾	虫笋率≥5%	1）加强管理，清除杂草； 2）利用黑光灯诱杀成虫

附录B

（资料性附录）

绿竹鲜笋质量分级

B.1　鲜笋分级

绿竹鲜笋按外观要求和规格大小分特级、一级、二级和三级4个等级，见表B.1。

表B.1 绿竹笋质量分级指标

等 级	外观要求	大小规格/（千克/只）
特级	色泽金黄，笋体切面光滑鲜嫩，笋形优良，新鲜幼嫩，无损伤	> 0.75
一级	无病虫害，笋尖无青绿色，无拔节	≥0.50 ～ 0.75
二级	形态完整，整洁，无损伤或微损伤；新鲜幼嫩，笋尖无青绿色	0.30 ～ 0.50
三级	形态完整，微受损，笋尖有少许青绿色	0.20 ～ 0.50

附 录 C

（资料性附录）

（略）